財經企管 BCB757

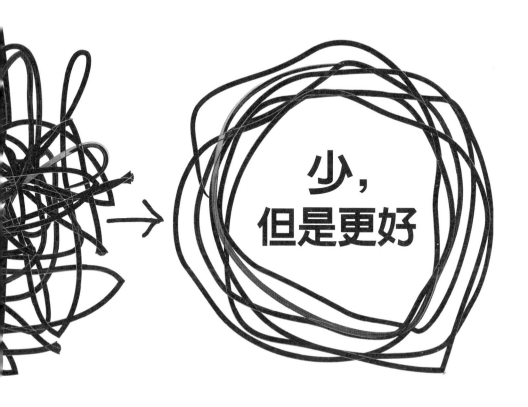

少，
但是更好

essentialism
The Disciplined Pursuit of Less

葛瑞格‧麥基昂Greg McKeown——著　詹采妮——譯

目錄

〔中外各界推薦〕 7

〔推薦序〕 「取捨」是一門重要的學問——郭瑞祥 11

〔譯後序〕 學會取捨，成就化繁為簡的舒心人生——詹采妮 15

新編增訂 二十一天專準主義挑戰 19

第一天 如何成為「精‧簡‧準」的人 23

1—— 追求本質

專準主義者的核心思維模式為何？

第二天 懂得選擇：選擇的無敵力量 57

第三天 懂得辨別：不會每一件事都重要 65

第四天 懂得取捨：我想要哪一個問題？ 75

2 ——— 精挑

我們該如何辨別多數瑣事和少數要事？

第五天	逃離：留點空間，沒有人是無可取代的	91
第六天	留意：看清真正要緊的事	101
第七天	玩樂：有玩心，擁抱童心才能激發創意	111
第八天	睡眠：好好睡，保護你的最佳資產	119
第九天	嚴選：找回選擇的力量	131

3 ——— 簡化

如何排除瑣碎的多數？

第十天	釐清：不要準備千種備案，只要做出一個決定	151
第十一天	膽量：優雅說「不」的力量	163
第十二天	取消承諾：停損贏更大	179
第十三天	剪輯：隱形的藝術	191
第十四天	界限：有界限，才有自由	201

4 ——— 準確執行

我們要如何輕鬆自如地進行少數要事？？

第十五天	緩衝：預留緩衝，應付突發狀況	215
第十六天	減法：移除障礙，事半功倍	227
第十七天	進展：完成小目標的成就感	235
第十八天	心流：建立流程，不費力地完成瑣事	247
第十九天	專注：當下，何者為重？	259
第二十天	存在：活出「精・簡・準」的人生	271
第二十一天	領導如何「精・簡・準」	285
注釋		293
謝辭		317

〔中外各界推薦〕

讀這本書有一種醍醐灌頂的快感！不但點破了我目前工作和家庭生活繁複糾纏的難題，也提供了實際可行的改善方法，運用了一陣子，確實有效！此書本身也是精簡的最佳示範，論述條理分明、圖說簡而有力，讀起來沒負擔，唯有拿螢光筆的手可能會有點痠，因為有太多地方值得標示。如今 *Essentialism* 中文版《少，但是更好》問世，是所有中文讀者的一大福音。如果你覺得自己太忙，又不知道為什麼在瞎忙，一定要抽空讀這本書，它很可能會是你的救星！

——劉軒，知名作家、音樂人

你也感覺到了嗎？那股堅持不懈，只為品嚐生活中一切美好事物的壓力？想要做每一件「正確」的事？現實是，你根本無法做到。相反地，你的注意力被太多紛雜的事分散，以致於無法發揮任何影響力。葛瑞格・麥基昂（Greg McKeown）認為，答案在於找到生活中最重要的事物，並將精力完全投入其中。本書無法告訴你，什麼是我們生活中最重要的事物，但它能幫助你找到你生命中的意義。

——丹尼爾・品克（Daniel H. Pink），《未來在等待的人才》作者

創業者之所以成功，是他們在正確的時間，以正確的方式，對正確的專案說「YES」。要做到這一點，他們必須勇於對其他事物說「NO」。本書提供具體且具說服力的建議，教導你決定何者對你而言最重要，以及如何投注精力在能為你帶來最大報酬的事情上。

——雷德・霍夫曼（Reid Hoffman），
《人生是永遠的測試版》共同作者

葛瑞格・麥基昂這本出色的新書，是每一位深陷壓力、職業倦怠，以及有衝動想要做每一件事的人，最好的解藥。這也是所有想要重獲自身健康、幸福和快樂生活的人，必讀的好書。

——雅莉安娜・哈芬登（Arianna Huffington），
《哈芬登郵報》共同創辦人暨總編輯

這本書有辦法解決我們生活中最大的難題：如何做得更少，卻完成更多？這是一本及時又最基本的書，能為所有覺得生活超載、工作過度的人帶來希望。它已徹底改變我對自己優先事務排序的方式。若你能接受這本書傳授的理念，你的工作和生活將立刻感到少壓且更具生產力。所以，拋下你正在做的事，立刻閱讀本書吧！

——亞當・格蘭特（Adam Grant），
《給予：華頓商學院最啟發人心的一堂課》作者

身為總是想要擁有一切、做到一切的人，這本書挑戰我的信念，並改善了我的生活。如果你想要在工作上做得更好，你也應該讀這本書！

——古利博（Chris Guillebeau），
《3000元開始的自主人生》作者

偉大的設計使我們超越了複雜、不必要的混亂，表現出簡單、清晰和有意義的意念。在設計你的人生時，道理就如同設計一件產品一樣。藉由《少，但是更好》，作者葛瑞格‧麥基昂呈現給我們寶貴的設計人生指南。

——提姆‧布朗（Tim Brown），創意公司IDEO執行長暨總裁

在這本書中，葛瑞格‧麥基昂提出令人信服的理由，能讓我們藉由做更少以成就更多。他提醒我們，清楚聚焦於重點，且有能力說「不」，在工作上是至關重要且不容忽視的。

——傑夫‧韋納（Jeff Weiner），LinkedIn執行長

當所有人還在翻閱《挺身而進》或《異數：超凡與平凡的界限在哪裡？》時，要比別人更具競爭力的話，今年請讀這本《少，但是更好》！學習如何辨別正確的事，聚精會神完成它，並將其餘的一切忘掉。換句話說，「少做，但更好。」

——《富比世》雜誌

「取捨」是
一門重要的學問

郭瑞祥教授

臺大管理學院院長

每一位現代的知識工作者，都逃脫不了「忙與盲」的陷阱。每個人都會貪圖過多，生活與工作的簡單，竟然成為一種奢求。

這本書乍看之下，可能像是一本時間管理的書，不過再仔細讀下去，會發覺作者融合了許多學者的觀點，再加上個人實務的經驗，教導你如何成為「精‧簡‧準」（精挑、簡化、準確執行）的專業工作者。

在此特別強調書中幾個吸引我的有趣觀點：

1. 策略的取捨：第四章提到哈佛商學院策略大師麥可‧波特（Michael E. Porter）的觀點。確實，策略的選擇與取捨有關。許多企業都知道要做重要的事，但最困難的反而是「捨去

那些不重要的事」。文中提到西南航空（Southwest Airlines），無疑就是策略「精‧簡‧準」的代表性企業。選擇有些事精簡不做，降低成本，使得廉價航空也可以獲利。

2. 設計的取捨：第五章提到史丹佛d.school的觀點。無疑地，在商品及服務的設計上，應該要「以人為本」。這樣的「設計思考」思維，最好的典範就是「蘋果」公司的產品設計。「簡單是複雜的極致表現」。賈伯斯的「精‧簡‧準」所提供的簡約設計，反而更符合使用者的需求，在商場上獲得極大的成功。

3. 工作的取捨：第十六章提到《目標》這本書。這是一本暢銷三十年以上的企管小說，講工廠管理、講績效、講瓶頸的運用。如果在工作的取捨上，先突破工作的瓶頸，重要的事先做，才可能提升系統的有效產出。可惜許多專業工作者常分不出優先次序，事倍功半。

4. 人生的取捨：第十四章提到哈佛商學院創新大師克里斯汀生教授（Clayton Christensen）。人生其實就是取捨，方向比效率更重要。可惜我們經常忙於緊急而不重要的事，忽視重要的事要預先準備，才能「精‧簡‧準」。

本書藉由衣櫃的比喻，強調「專準主義就是創造一套管理生活衣櫃的系統」。這倒讓我想起，每一學期我都需要在辦公

室大清倉，將永遠不會看的書整理出來送給學生，我的空間、時間就多出來了。回到家中，看到我因為參加各類馬拉松路跑，所累積多到不可思議的運動衣物，運用本書的原則，我也清出數十件衣物，送給別人，結果空間也變大了。接下來，我了解我也該去取消許多負荷不了的課程與演講邀約，結果時間也變多了。「取捨」真是一門重要的學問啊！

學會取捨，
成就化繁為簡的舒心人生

詹采妮

《零雜物》作者

　　2012 年，在出版界僅有譯者身分的我，首次以作者身分出版了《零雜物》這本書，內容敘述我如何耗費近五年的時間，克服各種起伏翻攪的情緒拉扯，終於將屋內雜物和老媽留下來的一整座遺物山給鏟平歸零，從此過起清爽無負擔的精簡生活。

　　不過，這指的是居家空間方面。事實上，我雖然已與有形的雜物絕緣，生活中卻仍不時有無形的雜務上身，原因就在於我經常因為害怕衝突、擔心惹人不快，或不想面對拒絕他人後的尷尬，而勉為其難地說「好」。可以想見，這些未經深思熟慮，或為了規避短期困擾所做出的倉促承諾，最後往往演變成

長期的磨難。於是執行時我總是滿腹牢騷，既埋怨對方的請求，也責怪自己的軟弱。而生命中某段珍貴的時光，便在負面情緒的籠罩下悄悄地流逝。

很顯然，我需要清理的不只是物而已，還包括不知該如何推辭的人與事。因此當本書主編邀我為這本宣揚「專準主義」（Essentialism）的作品擔任筆譯工作時，我欣然將它視為讓人生進一步化繁為簡的好機會。

本書作者葛瑞格‧麥基昂是矽谷知名的企管顧問。在翻譯的過程中，我隨著他的腳步逐一檢視生活中的大小事件，並揪出許多早該捨棄的固有模式與畫地自限的錯誤信念。我發現，即使是像我這種與科技產業或商業界少有關聯的在家工作者，也能藉由書中淺顯易懂的衣櫃比喻，學習如何做得「少，但是更好」。

葛瑞格表示，專準主義就是在創造一套管理生活衣櫃的系統。透過審慎評估、去蕪存菁和準確執行，我們可以整頓被塞爆的衣櫃，將空間騰出來裝更好的東西。同樣地，透過精挑細選和勇敢說「不」，我們也能將時間和心力騰出來做真正要緊的事，並成就卓越。

書中令我獲益最多的，當屬以「簡化」為主軸的第三部，尤其是釐清意圖、優雅拒絕、設定界限，以及進行小規模反向試驗等概念。這期間，我退掉了一門已繳費的課程，因為它不符合我對來年的想像；我婉拒了一個付款乾脆的案子，因為我

有更迫切且對我更有益的計畫要進行；我停止一一回覆內容千奇百怪的電子郵件，因為我沒有精力和責任替別人扛下問題；我也將幾件較不重要的家事從每天都做改成隔日才做，並驗證少做一點不會死，我其實可以過得更輕鬆自在。

減化和簡化皆涉及取捨，為此作者反覆提及「by default」和「by design」這兩種相對應的生活態度。在面對疑慮或不滿時，前者意味著被動接受現狀，自認為毫無選擇餘地；後者則意味著主動設計未來，專心致志於扭轉局勢。按他人排定的預設值過日子不太需要花腦袋，但結果大抵難脫經年累月的沮喪和抱怨。若不想在回顧一生時唱嘆自己虛擲光陰、從不曾忠於自我，那麼將專準主義內化為待人處世之道無疑是最佳選擇。

對團體、企業和國家而言，專準主義更是不可或缺。想想不合時宜的法令規章、拖垮效率的營運模式、沿襲舊制的預算規劃，以及某些可有可無的公共建設，這些因為墨守成規、便宜行事，或著眼於短期利益而存在的不當決策，最後往往演變成整個群體的長期磨難。假使領導者能有紀律地追求更少，身在其中的成員和公民不再漠然坐視，我們所處的職場、環境乃至於整個世界，絕對可以有所不同。

這本書已協助我從物質上的精簡進階至行動上的精簡。如果你也想加入專準主義者的行列，請現在就拿起這本實踐指南，為自己設計更少但更好的舒心人生吧！

二十一天專準主義挑戰

　　許多想成為專準主義者的朋友都會問我：「要怎麼開始？」我的答案是：接受二十一天專準主義挑戰。這二十一天當中的每一天，都跟本書其中一章相對應，每天跨出一小步，你就能更輕鬆地進入狀況。最好能邀請你團隊裡的成員，以及你的家人，一起加入這項挑戰。跟他們談談你的感受：有哪些困難之處？遇到什麼阻礙？有哪些容易之處？你成功做到了什麼事？

　　我也為每天的小步驟製作了短片，讀者可至下列網址，使用代碼RsB8S13d@觀賞影片：

essentialism.flywheelsites.com/21-day-challenge/

　　專準主義的境界有時好像很難企及，令人不知從何著手，其實讀者大可不必擔心。

第一天：成為「精‧簡‧準」的人

　　找一位可以相互砥礪的同伴，一起閱讀本書第一章，邀請同伴跟你一起接受二十一天專準主義挑戰。

第二天：懂得選擇

逮到自己說「我必須……」的某個當下，把說法換成「我想要……」。

第三天：懂得辨別

問自己：「今天可以做的最重要的事是什麼？」

第四天：懂得取捨

當腦海中閃過「我兩樣都要做」的念頭，停下來，想一想，選其中一項來做就好。

第五天：逃離

安排個人的季度異地靜修會，好好想想什麼才是重要的事。

第六天：留意

開始寫專準日誌，每天只寫一句話，目的在回答下列問題：「今天發生的事情裡，哪一件最重要？」

第七天：玩樂

花10分鐘跟小朋友玩遊戲，忘情於孩童那種對天地自然流露的好奇心。

第八天：睡眠

白天裡小睡20分鐘。

第九天：嚴選

碰到一件無法明確說「好」的事情時，明確說不。

第十天：釐清

開始下一場會議前，先停下來問自己：「我最想在這次會議中達成的一件事情是什麼？」

第十一天：膽量

寫下優雅說「不」的方式，措辭謹慎，多加練習。

第十二天：取消承諾

看看行事曆上的本週待辦事項，問自己：「如果還沒有涉入的話，我現在願意花多少心力去參與這件事？」

第十三天：剪輯

在這天中嚴守這項新規則：只要添加一項新活動，你就必須拿掉原有的某項活動，騰出空間給新活動。

第十四天：界限

下次別人請你幫忙的時候，不要急著答應，先停下來，告訴對方：「我先看看我的行事曆再答覆你。」

第十五天：緩衝

在行事曆上，為每天加上四段30分鐘的空檔，預留緩衝時間來處理突發狀況或意外降臨的機會。

第十六天：減法

碰到某件窒礙難行的事情時，不要硬著頭皮去做，不妨問自己：「我要怎樣才能完全移除這個障礙？」

第十七天：進展

開會的時候以這個問題做為開場白：「從上次開完會到現在，有哪些事情是進展順利的？」

第十八天：心流

在行事曆上，選出尚未有任何待辦事項的一週，設計心目中的理想作息安排：你希望如何度過一星期的時間。

第十九天：專注

找個時間靜下來，問自己：「當下最重要的是什麼？」

第二十天：存在

安排個人的季度異地靜修會，好好探索、對話、反省、做夢和計畫。

第二十一天：「精‧簡‧準」的領導力

邀請你的團隊組成讀書會一起閱讀《少，但是更好》，你們才能有共同語言一起討論真正重要的事。

第一天

如何成為
「精・簡・準」的人

生活的智慧，就在於消除那些不必要的東西。

——林語堂

山姆・艾略特（Sam Elliot）*是一名能幹的矽谷主管，在他的公司被規模更大的官僚企業收購後，他發現自己忙到分身乏術。

他很認真在新職務上扮演乖乖牌的角色，所以沒有詳加考慮就對許多要求說**好**。而結果是，他常常花上一整天的時間，從一場會議趕赴另一場會議，試圖取悅每一個人並完成所有的事。他的壓力上升，工作品質卻隨之下降，就好像他專做不重要的事情似的。也因此，他的工作變得令自己不滿意，**也**令他

---

* 姓名經過更動。

想賣力討好的對象感到失望。

在沮喪之中，公司找上他，給了他一個提前退休的方案。可是他才五十出頭，對退休並不感興趣。他短暫地想過要開一間顧問公司，做他已經在做的事。他甚至想過要以顧問的身分將他的服務賣回去給他的雇主。不過這些選項似乎缺乏吸引力。於是，他去找一位良師益友談話，對方給了他出人意料的建議：「繼續待著，但做你身為顧問會做的事情就好，其他的別做。而且別告訴任何人。」換句話說，他的良師益友建議他只做那些**他**認為必要的事——並且忽略別人要求的其餘一切。

這名主管把建議聽了進去！他承諾每天都會捨棄繁文縟節。他還開始說不。

起初他有些遲疑。他在評估各項要求時，總是以膽怯的標準為基礎，像是：「考量到我擁有的時間和資源，我真的能滿足這個要求嗎？」如果答案是**不能**，他便會拒絕這個要求。他驚喜地發現，儘管大家一開始看起來有些失望，但他們似乎尊重他的**據實以告**。

被小小的勝利所鼓舞後，他開始推辭更多要求。現在，當有人提出要求時，他會停下來仔細思考，並以更嚴苛的標準進行評估，像是：「這是我目前該花時間和資源去解決的**當務之急**嗎？」

如果他答不出明確的**是**，他便會拒絕這個要求。而再次令他感到欣喜的是，儘管同事們起先可能看似失望，但他們很快

就開始因為他的拒絕而給他**更多**尊重，而不是更少。

　　膽子大了以後，他開始將這套選擇標準應用在每一件事情上，而不是只用於直接的要求。在過去的日子裡，他總是自願接下最後一刻才蹦出來的提案或任務；但現在他找到了不參與的方法。他曾經是最早跳進電子郵件討論串的人之一，但現在他只是置身事外，讓別人自告奮勇。他停止參加電話會議，因為他只要幾分鐘就會失去興趣。他停止出席每週例會，因為他不需要這些資訊。他停止參加行事曆上排定的會議，如果他無法做出直接貢獻的話。他向我解釋：「只因為我受到邀請，這個出席的理由似乎不夠好。」

　　起先他覺得自己任性妄為。但透過精挑細選，他為自己贏得了空間，而在這個空間中他發現了創意的自由。他可以一次只將精力投注在一個專案上。他可以進行全盤的規劃。他可以預期到障礙並開始移除障礙。他沒有因為試著做完所有的事情而忙得團團轉，他反而可以把對的事情做好。他新許下的諾言是：只做真正重要的事，並排除其餘的一切，而這恢復了他的工作品質。他沒有像多頭馬車一樣進展遲緩，反而對完成真正重要的事情產生了極大的動力。

　　他持續進行了好幾個月。他立刻發現自己不只是白天在職場上找回不少時間，晚上在家裡甚至還找回更多時間。他說：「我重拾了我的家庭生活！我可以在像樣的時間回家。」現在他不當電話奴了，他關掉手機，上健身房，還跟妻子外出

用餐。

令他大感訝異的是，他的實驗並未產生負面結果。他的經理沒有責備他，他的同事也沒有生他的氣。正好相反；由於他只留下對自己有意義**而且**對公司確實有價值的案子，他們反而開始比以往更尊重和珍視他的工作。他的工作再次令他心滿意足。他的績效評等一路上升，最後還得到了職業生涯中最大筆的紅利之一！

這個例子講的正是專準主義（essentialism）的基本價值主張，那就是：**你唯有允許自己不再照單全收，不再對每個人說好，你才能對真正要緊的事情做出最高的貢獻。**

你呢？你有多少次不經深思熟慮就對一個要求說好？你有多少次氣憤自己承諾去做某件事情，卻又懷疑「我幹麼要蹚這個渾水？」你有多常為了單純討好，或是避掉麻煩，或是因為「好」已經成了你的預設反應而說好？

現在，讓我問你這個問題：你是否曾發現自己忙到分身乏術？你是否曾覺得工作過度**又**未能充分發揮實力？你是否曾發現自己專做不重要的事？你是否覺得忙碌不堪卻缺乏生產力？就像你總是在移動，卻從未到達任何地方一樣？

如果你對上述的任何問題答「是」，你的出路便是專準主義者之道。

專準主義者之道

迪特·拉姆斯（Dieter Rams）在德國百靈公司擔任過許多年的首席設計師。他受到「一切幾乎全是干擾」的想法所驅使，認為沒有什麼東西是不可或缺的。他的工作是過濾干擾，直到他觸及精髓為止。比方說，身為一個二十四歲的小夥子，公司要求他合作設計一款電唱機。當時的標準是用結實的木蓋子蓋住唱片轉盤，甚至把唱機併入一件客廳家具。

他和他的團隊並沒有這麼做，他們反而移除雜物，設計出一款頂端除了透明塑膠蓋之外別無長物的電唱機。這是第一次有人採用這樣的設計，由於它太具革命性，大家還擔心這間公司可能會破產，因為沒有人想買。一如既往，排除不必要的事物需要勇氣。到了1960年代，這種美感開始受到注意，最後它成了其他所有唱機一再效法的設計。

迪特的設計標準可以總結成一個具有代表性的簡潔原則，並以三個德語單字來表現：Weniger aber besser。中文翻譯是：**更少但更好**。很難找到比它更適合專準主義的定義了。

專準主義者之道是不斷地追求更少但更好。它指的不是偶爾對這個原則表示認同，而是以**有紀律的方式**加以追求。

專準主義者之道不是把新年新希望設定成說更多的「不」、清空收件匣，或精通一些新的時間管理策略。它是不斷地停下來問自己：「我投入的活動是對的嗎？」世界上的活

動和機會遠遠超過我們的時間和資源所能負荷。儘管它們當中可能有許多還不錯，甚至非常好，但事實就是瑣碎的占了多數，只有少數至關重要。專準主義者之道包括學會辨別差異——學會一一過濾所有的選項，而且只挑選那些真正必要的事物。

專準主義談的不是如何做完更多事情；而是關於如何做好**對**的事情。它指的也不是為了少做而少做；而是為了在最高的貢獻程度上運作，透過只做必要的事情，盡可能替你的時間和精力做出最明智的投資。

從左頁插圖可以看出專準主義者之道與非專準主義者之道之間的差異。這兩個圖像運用了等量的精力。在左邊的圖像中，精力被劃分給許多不同的活動。也因此，我們像多頭馬車一樣進展遲緩，只能得到缺乏成就感的經驗。在右邊的圖像中，精力被劃分給較少的活動。也因此，我們可以透過投入比較少的事情，而在最要緊的事情上獲得顯著的進展，並得到令人滿意的經驗。專準主義者之道摒棄「我們可以什麼都做」的想法，它需要我們費心地做出真正的取捨和艱難的決定。在許多情況下，我們都能學著做出一勞永逸的決定，如此一來，便不必反覆自問相同的問題而感到精疲力竭了。

專準主義者之道意味著以刻意選擇而非漠然接受的方式生活。專準主義者在做選擇時不會出於被動的反應，而是會審慎地將多數瑣事和少數要事區分開來、排除不必要的事物並移除

模型

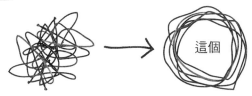

這個

	非專準主義者	專準主義者
想著	**所有人的所有事情**	**更少但更好**
	「我必須這麼做。」	「我選擇這麼做。」
	「全部都很重要。」	「只有少數事情真正要緊。」
	「我要如何才能全部都做？」	「取捨的結果是什麼？」
做法	**毫無紀律地追求更多**	**有紀律地追求更少**
	對最急迫的事情做出反應	停下來辨別什麼才是真正要緊的事
	不經深思熟慮就對別人說「好」	除了必要的事情以外，對一切說「不」
	試圖在最後一刻勉強執行	移除障礙，以便使執行輕鬆自如
結果	**過著令人不滿的生活**	**過著舉足輕重的生活**
	承擔太多，使工作成了折磨	為了成就卓越而精挑細選
	覺得失去控制	覺得掌控自如
	不確定對的事情是否完成	把對的事情做好
	覺得不知所措、精疲力竭	體會過程中的喜悅

障礙，好讓必要的事情能夠暢行無阻。換句話說，專準主義是一套有紀律、有系統的方法，它可以決定我們最高的貢獻程度會落在什麼地方，然後使這些事情的執行幾乎毫不費力。

專準主義者之道能使我們對自己的選擇掌控自如。它能使成功和意義邁向嶄新的階段。它能使我們享受過程而非只有終

點。儘管有這所有的優點,然而,卻有太多力量阻礙我們有紀律地追求更少但更好,而這或許可以解釋,為什麼許多人最後會走上非專準主義者那條方向錯誤的途徑。

非專準主義者的行徑

在一個晴朗的加州冬日,我去醫院探望我的太太安娜。即使在醫院裡,安娜依舊容光煥發。但我也知道她累壞了。前一天,我們健康快樂的寶貝女兒剛出生,而且重達3,260克。[1]

然而,我這輩子理應最快樂、最平靜的日子之一,實際上卻充滿了緊張氣氛。即使我美麗的小寶寶就躺在妻子疲累的臂彎裡,我仍然忙著講電話、處理工作上的電子郵件,還因為要跟客戶開會而備感壓力。我的同事在電子郵件裡寫著:「週五下午一點到兩點之間生小孩不是一個好時機,因為我需要你和X來參加這場會議。」那天是星期五,我很肯定(或至少我希望)這些不過是玩笑話,但我還是對出席感到壓力。

我直覺知道該怎麼做。這時候我顯然應該陪老婆和剛出生的孩子。因此,在被問到是否打算參加那場會議時,我深信自己可以鼓起勇氣說出……

「好。」

我很可恥,老婆和我們剛出生幾小時的寶貝還躺在醫院裡,而我竟然跑去開會。後來,我的同事說:「客戶會因為你

決定來這裡而尊敬你。」但客戶臉上的表情看不出尊重。相反地，他們的表情反映出我的感受。**我在這裡幹麼？**我說「好」只是為了討好而已，而這麼做傷害了我的家人、我的誠信，甚至是我和客戶的關係。

事實證明，那場客戶會議**毫無**成果可言。即使有，我肯定也會像個傻瓜似的討價還價。在想讓每個人都開心的情況下，我犧牲了最要緊的事。

反省之後，我發現了這個重要的教訓：

如果你不替自己的生活排定優先次序，別人就會代勞。

那次經驗使我重燃興趣，我想了解為什麼聰明人會在個人和職業生活中做出他們所做的選擇。我也想知道，「為什麼我們內在有這麼多的能力，而且遠多過我們經常選擇運用的那些？」以及，「要怎麼選擇，才能使我們更深入了解自己和所

有人的內在潛能？」

　　我想解釋上述問題的這個使命，引領我離開英國的法學院四處遊歷，最後落腳在加州史丹佛念研究所。它引領我耗費兩年多的時間，與他人合寫《成為乘法領導者：如何幫助員工成就卓越》（*Multipliers: How the Best Leaders Make Everyone Smarter*，暫譯），而且它繼續促使我在矽谷開設一間策略和領導力公司。如今，我在一些世界上最有趣的公司裡和一些最能幹的人共事，目的是協助他們走上專準主義者的道路。

　　我在工作中看見世界各地的人們被周遭的壓力消磨殆盡又不知所措。我訓練過那些立刻就想把一切拚命做到完美，卻默默承受痛苦的「成功」人士。我看到人們被控制欲強大的經理逼入困境，卻不知道他們「不必」去做那些他們被要求去做但徒勞無功的額外工作。而我也持續不斷去探究，為什麼這麼多聰明、機靈又能幹的人，依舊落入了被非必要事物死命糾纏的陷阱之中。

　　我的發現令我驚訝不已。

　　我曾經和一名幹勁十足的主管共事，他年紀輕輕就進了科技業並樂在其中。他很快便因為知識和熱情而得到愈來愈多的機會。渴望成功的他，一直竭盡所能地大量閱讀，同時興致勃勃、熱情洋溢地追求一切。我遇見他時，他非常活躍，試圖了解一切、參與一切。他似乎每天（有時甚至是每個小時）都在尋找令人著迷的新事物。在這個過程中，他失去了將多數瑣事

和少數要事區分開來的能力。**每件事情**都很重要。而結果就是，他變得愈來愈分身乏術。他像多頭馬車一樣進展遲緩，工作過度**卻**無法充分發揮實力。我就是在這個時候替他勾勒出第28頁左邊的那張圖。

他在不尋常的沉默中盯著它看了很久，然後情緒激動地說：「這就是我的人生啊！」接著，我又勾勒出右邊那張圖。我問他：「假使我們能想出一件可以讓你做出最高貢獻的事情會如何？」他誠懇地回答說：「這正是問題**所在**。」

事實證明，許多聰明、事業心強的人有完全正當的理由回答不出這個問題。理由之一是，在我們的社會中，我們會因為良好的行為（說不）而受到懲罰，卻因為不好的行為（說好）而受到獎賞。前者在當下往往教人尷尬，後者在當下卻總是令人讚賞。這導致了我所謂的「成功悖論」，[2]而它能總結成四個可以預見的階段：

階段一：當我們有明確的目標時，它能讓我們因為努力而成功。

階段二：當我們功成名就後，我們成了別人「請託」的對象。我們成了當你需要時總是在那兒的「老好人」（請自行插入姓名），而且會有更多的選項和機會上門。

　　階段三：當選項和機會增加時，其實代表我們必須付出更多的時間和精力，如此一來將分散我們的注意力。我們會變得愈來愈分身乏術。

　　階段四：我們從原本能做出最高貢獻的事情上分散了注意力。成功的影響已經損害了最初使我們成功的那份明確。

　　說也奇怪，講得更誇張一點就是：**追求成功有可能是失敗的催化劑**。換句話說，成功會使我們從必要的事情上分散注意力，而那必要的事情正是最初創造出成功的主因。

　　這種情形在我們的周遭隨處可見。詹姆・柯林斯（Jim Collins）在他的著作《為什麼A+巨人也會倒下》（*How the Mighty Fall*）裡，便探索了那些曾是華爾街寵兒、後來卻關門大吉的公司究竟出了什麼問題。[3]他發現，落入「毫無節制地追求更多」是許多公司失敗的關鍵原因。對公司而言，情況確實如此；對在裡頭工作的人來說，也同樣適用。可是，為什麼？

非專準主義為何無所不在？

　　幾個趨勢的集結，創造了非專準主義者的完美風暴。請仔細思考以下幾點：

選擇太多

我們全都觀察到，過去十年間，選擇的數量以幾何級數增加。但即便身處其中，或者正因為如此，我們再也看不見最重要的事物。

一如彼得・杜拉克（Peter Drucker）所言，「幾百年後，當以長遠的角度書寫我們這個時代的歷史時，歷史學者看見的最重要的事件，很可能不是科技，不是網際網路，不是電子商務，而是人類形勢前所未有的改變。這是第一次──真的是史上頭一遭──有為數可觀且急速增加的人們擁有選擇的餘地。這是第一次，他們將不得不管理自己。而社會對此毫無準備。」[4]

我們之所以毫無準備有部分是因為，這是第一次，選擇的優勢使我們的管理能力難以招架。我們失去了過濾一件事情重要與否的能力。心理學家稱之為「決策疲勞」（decision fatigue），意思是：我們被迫做出的選擇愈多，我們的決策品質便愈差。[5]

社會壓力太大

不單是選擇的數量呈幾何級數增加，施加在決策上的外部影響，在強度和數量上也有所增長。儘管關於我們目前高度連結的程度，以及這種資訊過載會使我們分心到什麼地步的論述不少，但更大的問題是，我們的彼此連結也增加了社會壓力的

強度。今天，科技降低了我們在應當關注的議題上交流意見的門檻。這不只是資訊過載而已；它也是意見過載。

「你可以擁有一切」的想法

我們可以什麼都有、什麼都做的想法並不新鮮。這個神話已經流傳了如此之久，我相信今天差不多每個活著的人都受到影響。它被廣告大肆宣傳。它受企業大力支持。它深植在列出一大串被視為標準的必備技巧和經驗的職務說明裡。它深植在你必須填進數十種課外活動的大學申請表格裡。

真正新鮮的**是**，在一個選擇和期待以幾何級數增加的年代，這個神話在今時今日特別具有破壞性。它使備感壓力的人們試圖在行程滿檔的生活中塞進**更多**活動。它創造出大談工作與生活的平衡，卻仍期待員工全年無休、一天24小時在智慧手機旁待命的企業環境。它導致員工會議討論多達十個「優先事項」卻完全不覺得諷刺。

「**優先事項**」（priority）這個字在15世紀時進入英語。它是單數字，意思是最優先或最重要的事。在接下來的五百年間一直維持單數形式。唯獨20世紀，我們把這個名詞改成了複數，並開始談論「**優先事項們**」（priorities）。我們不合邏輯地推斷，只要改變這個字，我們就能歪曲事實。於是不知怎麼的，我們現在可以有好幾件「優先」的事。個人和企業也都習慣試著這麼做。一名主管跟我說了他在某間公司的經驗，他們

會討論「優一、優二、優三、優四和優五」。這會給人許多事情都是優先事項的印象，但實際上卻毫無意義可言。

可是，當我們試圖什麼都做、什麼都有時，我們會發現自己在刀口上進行非此即彼的取捨，而這絕不是我們原本意圖採行的策略。當我們缺乏目標，又不審慎選擇要在哪裡集中精力和時間時，別人（我們的老闆、同事、客戶，甚至是我們的家人）便會替我們做出選擇。要不了多久，我們就再也看不見一切有意義和重要的事了。我們不是審慎地做出選擇，就是允許別人的待辦事項控制我們的生活。

曾經有一位名叫布朗妮・威爾（Bronnie Ware）的澳洲護士，負責照料人們臨終前的十二週，她將他們最常談論的遺憾記錄下來，而清單上的第一項是：「我希望我當時有勇氣去過忠於自己的人生，而不是別人期待我去過的人生。」[6]

這麼做，需要的不光是隨意地說「不」而已，還要有目標，審慎並策略性地排除不必要的事物。不光是擺脫明顯浪費時間的事情，還要放棄一些真的很不錯的機會。[7]不要對社會壓力做出被動的反應而讓自己成為多頭馬車，反而要學習一種讓自己減少、簡化的方法，並透過排除其餘的一切，把心力集中在絕對必要的事情上。

你可以把這本書為你的生活和事業幫上的忙，想像成收納專家能為你的衣櫃幫上的忙。想想看，如果你從不整理衣櫃會發生什麼事？它能保持整潔，架上只掛著幾件你喜歡的衣服

嗎？當然不能。如果你不花心思整理衣櫃，它會變得凌亂不堪，而且塞滿你很少穿的衣服。有時候，它還會失控到讓你很想把衣櫃清空。然而，除非你有一套嚴謹的系統，否則你不是因為無法決定哪幾件要送人，落得跟整理前有一樣多的衣服；就是因為不小心送掉了你確實會穿的衣服而懊悔不已；或是因為你不太確定要把它們送去哪裡、該拿它們怎麼辦，而留下一堆你不想保留卻不曾真正擺脫掉的衣服。

同樣地，當我們從來不穿的衣服愈積愈多時，衣櫃會變得凌亂不堪；當我們好心答應的承諾和活動愈堆愈多時，我們的生活也會變得亂七八糟。這些費力的事情多半沒有截止期限。除非我們有一套清理系統，否則一旦接受了，它們就永遠都在。

以下是專準主義者整理衣櫃的方法。

一、精挑、探索和評估

不要問：「我以後還有沒有機會穿這件衣服？」你要問的是更嚴謹、更嚴厲的問題：「我**喜歡**這件衣服嗎？」、「我穿這件**好看**嗎？」、「這件我會**常穿**嗎？」如果答案是否定的，你就知道它是該淘汰的對象了。

在你的個人或職業生活中，相當於問自己喜歡哪件衣服的問題是問自己：「這個活動或這份努力能不能對我的目標做出盡可能最高的貢獻？」本書的第一部分將有助於釐清那些活動是什麼。

二、簡化、排除

假設你已經把衣服分成了「必須保留」和「可能應該處理掉」這兩堆。可是你真的準備好要把「可能應該處理掉」的那一堆裝進袋子裡送走了嗎？畢竟，我們仍有「沉沒成本偏誤」（sunk-cost bias）的感覺：研究發現，我們在替已經擁有的物品估價時，往往會高估它們的價值，也因此，我們會發現自己更難擺脫它們。如果你還沒走到這一步，不妨問問這個殺手級的問題：「如果我不是已經有了這件衣服，我會花多少錢去買它？」這招通常管用。

換句話說，只是確認哪些活動和努力無法盡可能做出最高貢獻是不夠的；你還必須積極地排除那些做不到的。本書的第二部分將告訴你如何排除不必要的事物，不僅如此，它還會教你如何用能獲得同事、老闆、客戶和同業尊重的方式去執行。

三、準確執行

如果你希望衣櫃保持整潔，你會需要一套整理收納的慣例。你需要一個大袋子來裝你必須扔掉的東西，只留下一小堆你想保留的物品。你必須知道丟棄的地點和當地舊貨店的營業時間。你必須安排時間去那些地方走一趟。

換句話說，一旦你釐清要保留的是哪些活動和努力——使你能做出最高程度貢獻的那些——你就需要一套能讓你盡可能

輕鬆執行意圖的系統。在本書中，你將學習創造出一個使必要的事情盡可能輕鬆完成的過程。

當然，我們的生活可不像衣櫃裡的衣服一樣靜止不動。早上我們把衣服擱在哪裡，它們就會待在那裡——除非家裡有青少年！然而，在我們的生活衣櫃裡，新衣服——期待我們付出時間的新要求——卻會不斷上門。想像一下，如果你每次打開衣櫃，都發現別人一直把他們的衣服塞在裡面，會如何？如果你每天早上都把衣服清光，一到下午卻發現衣櫃又被塞滿了，會如何？不幸的是，我們多數人的生活正是如此。你有多少次按時間表展開一天的工作，可是才到上午十點就發現自己完全偏離軌道，或是進度遠遠落後？你有多少次一大早就寫好「待辦清單」，可是到了下午五點卻發現清單變得**更長**？你有多少次期待在家裡和家人共度一個安靜的週末，可是到了週六上午卻發現自己被跑腿、陪小孩玩，以及不可預見的災難給淹沒？好消息是：它有解決之道。

專準主義就是在創造一套管理生活衣櫃的系統。這不像整理衣櫃，只是每年、每月或每週進行一次的過程。它是你每次面臨是否答應或是否婉拒的決定時，所運用的一種**紀律**。它是你在許多還不錯的事物和一些真正偉大的事物之間，做出艱困取捨的方法。它是學習如何做得更少但更好，使你在人生中的每一個珍貴時刻能盡可能獲得最高的回報。

本書將告訴你如何去過忠於自己的生活，而不是別人期待

你去過的生活。它會教你一個方法，使你在個人和專業領域中
變得更有效率、更有生產力和更有影響力。它也會教你一個系
統性的方法，使你辨別出重要的事物，並排除那些不重要的事
物，同時盡可能輕鬆地完成必要的事情。簡而言之，它會教你
如何在生活中的每一個領域做到「有紀律地追求更少」。以下
就是它的做法。

路線圖

　　本書一共分為四個部分。第一部分會概述專準主義者的核
心思維模式。後續的三個部分則會把這種思維模式轉換成有紀
律地追求更少的系統化步驟，一個你在遇到任何情況或付出任
何努力時都能加以運用的方法。以下是書中各個部分的簡短
描述。

專準主義者的核心思維模式是什麼？

　　本書的這個部分會扼要地描述三種現實，少了它們，專準
主義者的思想會變得沒有意義也不可能存在。其中一章將依序
探討以下幾點。

**一、個人選擇：我們可以選擇把精力和時間花在哪裡。少
　　了選擇，談論取捨毫無意義。**

二、**干擾的普遍性：一切幾乎全是干擾，只有少數事情特別有價值**。這是花時間弄清楚什麼事最重要的正當理由。因為有些事情重要得多，所以努力找出這些事情是值得的。

三、**取捨的現實：我們不能什麼都有或什麼都做**。如果我們可以，那就沒有評估或排除選項的必要了。一旦接受了取捨的現實，我們便不會再問：「我要怎麼搞定一切？」而是會開始問自己這個更誠實的問題：「我想解決哪一個問題？」

沮喪的最高點

每件事情
什麼事？

討人喜歡
為什麼？

現在
什麼時候？

只有當我們了解這些現實時，我們才能開始像專準主義者那樣思考。事實上，一旦我們徹底接受並理解它們，本書後續章節裡的許多方法就會變得自然而然又出於本能了。這個方法包括以下三個簡單的步驟。

階段一、精挑：辨別多數瑣事和少數要事

專準主義的一個悖論是，比起相對應的非專準主義者，專準主義者其實探索了**更多**選項。非專準主義者會在毫無實際探索的情況下承諾一切，或幾乎承諾一切；但專準主義者卻會在做任何承諾之前，有系統地探索和評估一套廣泛的選項。由於

他們會做出承諾，並在一、兩個想法或活動上「全力以赴」，因此他們一開始會審慎地探索更多選項，以確保自己稍後能挑到對的選項。

運用更嚴苛的標準，能讓我們深入探索大腦中精密的搜尋引擎。[8]如果我們搜尋「好機會」，我們會找到許多讓自己思考和逐一瀏覽的網頁。但我們也能進行進階搜尋，然後問問以下三個問題：「什麼讓我覺得深受啟發？」、「我在哪方面具有特殊才華？」、「能符合世間顯著需求的是什麼？」當然，可以瀏覽的網頁不會一樣多，而這正是這個練習的重點所在。我們不是在找一堆還不錯的事情去做。我們找的是最高程度的貢獻：在對的時間用對的方法做對的事情。

專準主義者會盡可能花時間探索、傾聽、討論、提問和思考。但探索的本身不是目的。探索的目的是為了將多數瑣事和少數要事區分開來。

階段二、簡化：排除瑣碎的多數

我們多數人會因為渴望討好和有所作為而說好。但做出最高貢獻的關鍵卻很可能是說不。一如彼得・杜拉克所言，「人們有影響力是因為他們說『不』，因為他們說『這不適合我』。」[9]

排除不必要的事物意味著對某人說不。通常這代表抗拒社會的期待。想做好這件事，需要勇氣**和**慈悲。因此，排除不必

二、簡化

有紀律地
追求更少

一、精挑

三、準確執行

（持續地做！）

要的事物不只跟心理紀律有關，它也與能對社會壓力說不所需要的**情緒紀律**有關。在本書的這個章節，我們將探討這股具有挑戰性的動力。

考量到取捨的現實，我們不能選擇什麼都做。真正的問題不在於我們要怎麼做到這一切，而是**誰**可以選擇要做什麼和不做什麼。記住，當我們失去選擇權時，別人就會替我們選擇。因此，我們不是審慎地選擇不做什麼，就是允許自己被拉往我們不想去的方向。

這個章節提供了排除非必要事物的方法，它能替我們爭取達成必要之事所需的時間。唯有如此，我們才能建立一個使執行盡可能毫不費力的平臺，而這正是階段三的主題。

階段三、準確執行：移除障礙，使執行毫不費力

無論我們的目標是完成一個工作上的專案、邁入事業的下一個階段，或是替自己的配偶規劃一場生日派對，我們往往會把執行的過程想像成某種困難又充滿阻力的事，某種我們必須強行「**使它發生**」的事。但專準主義者的做法不同。專準主義者不會勉強執行，反而會把他們省下來的時間投資在創造一個能移除障礙、使執行盡可能簡單的系統上。

這三個要素——精挑、簡化、準確執行——與其說是個別事件，不如說是一個週期性的過程。只要持續不斷地加以運用，我們能獲得的好處就會愈來愈多。

一個適逢其時的概念

被認為出自法國劇作家暨小說家雨果（Victor Hugo）的一句名言是這麼說的：「世界上最強大的，莫過於一個適逢其時的概念。」而「少，但是更好」就是一個適逢其時的原則。

當我們允許自己在我們選擇去做的事情上更加挑剔時，一切都會改變。我們會立刻握有開啟人生下一階段成就的鑰匙。知道自己可以排除不必要的事物，能帶給我們極大的自由，我們不再被其他人的待辦事項所掌控，我們有了選擇的餘地。有了這股無可匹敵的力量，我們就能發現自身貢獻的最高點，不僅是對我們的生活或事業，對整個世界而言更是如此。

假使學校免除額外的作業，取而代之的，是能讓整個社區有所不同的重要專案，會是如何？假使所有的學生都有時間思考他們對自身未來的最高貢獻，讓他們在離開高中時，不至於只是展開一場漫無目的的比賽，又會如何？[10]

假使企業排除無意義的會議，取而代之的，是讓人可以思考和琢磨重大計畫的空間，會是如何？假使員工抵制浪費時間的電子郵件討論串、缺乏目標的專案、毫無生產力的會議，使他們能在公司和事業中做出最高程度的貢獻，又會如何？

假使社會停止叫我們去買更多東西，而是讓我們創造更多用來呼吸和思考的空間，會是如何？假使社會鼓勵我們拒絕做那些我們能明確說出討厭的事情，像是用我們還沒賺到的錢去

買自己不需要的東西，或是讓我們不喜歡的人留下深刻的印象，又會如何？[11]

假使我們停止渲染「擁有更多」的價值，也停止低估「擁有較少」的價值，會如何？

假使我們停止讚賞用忙碌狀態來衡量一個人的重要性，會如何？假使我們反而讚賞自己花了多少時間傾聽、琢磨、靜心、與生命中最重要的人共度美好時光，會如何？

假使整個世界從「毫無紀律地追求更多」變成了「有紀律地追求更少」會如何？……會不會只有更好？

我的願景是，世界各地的人都有勇氣去過忠於自己的生活，而不是過別人期望他們去過的生活。

我的願景是，每一個人──兒童、學生、母親、父親、員工、經理、主管、世界領袖──都能為了過更有意義的生活而學習更深入地探索自己的智力、才能、謀略和自主性。我的願景是，所有的人都能勇敢去做他們來到地球該做的事。我的願景是，開啟一段對話，使它演變成一場運動。

為了駕馭這股勇氣，我們必須走上對的途徑。這麼做有利於反思生命實際上有多麼短暫，以及我們在所剩不多的時間裡想要完成哪些事情。正如詩人瑪麗・奧立佛（Mary Oliver）所寫的：「告訴我，你打算用你這條狂野而寶貴的生命做什麼？」[12]

我請你停下來多想一想，以便問問自己這個問題。

　　我請你在此時此地做出承諾，承諾你會騰出空間來享受必要的事物。你認為你會後悔做了這樣的決定嗎？這不就像你某天醒來時說：「我希望我一直以來沒有那麼忠於自己，而且做了所有別人期待我去做的那些不必要的事情」

　　我請你讓我幫你創造一個系統，它能「不公平地」扭轉局勢，讓必要的少數比瑣碎的多數更占優勢。

　　我請你投入心力，變得更像一名專準主義者。這本書跟回到某個更簡樸的時代無關。它談的不是迴避電子郵件、拔掉網路線，或是活得像隱士一樣。那算是倒退運動。它提倡的是將「少，但是更好」的原則運用在怎麼去過現在和未來的生活。這就是創新。

　　因此，我請你比我女兒出生當天的我更明智。我對來自於這種決定的好處深具信心。想像一下，如果地球上的每一個人都排除一個還不錯卻不必要的活動，然後用真正要緊的事情取而代之，會發生什麼事？

　　幾年以後（希望是很多年後）當你走到生命的盡頭時，你或許仍有遺憾。但追求專準主義之道不太可能是其中之一。屆時，你會拿什麼去交換一個能回到此時此地並忠於自己的機會呢？到了**那一天**，你會希望自己用**這個**機會去做些什麼呢？

　　如果你已經準備向內探尋這個問題的答案，那麼你就已經準備好要步上專準主義者的道路了。讓我們一起出發吧！

追求本質

專準主義者的核心思維模式為何？

追求本質

專準主義者的核心思維模式為何？

　　專準主義不是讓你多做一件事的方法，而是一種不同的做事方法。它是一種思考方式。然而，內化這種思考方式並不容易。這是因為某些想法——和散布那些想法的人——不斷吸引我們接受非專準主義的邏輯。本書的這個部分一共分為三章。每一章都挑戰一個非專準主義的謬論，並以一個專準主義的真理取而代之。

　　想要將專準主義者之道付諸實行，我們必須戰勝三個根深柢固的假設，它們分別是：「我必須這麼做」、「全部都很重要」，以及「我可以兩者兼顧」。一如神話中的海妖，這些假設和它們誘人的程度一樣危險。它們使我們深陷其中，進而在淺灘上溺斃。

　　想要擁抱專準主義的精髓，我們必須以三個核心真理來取代這些錯誤的假設，它們分別是：「我選擇這麼做」、「只有少數事情真正要緊」，以及「我可以做任何事情，但不是每件事情」。這些真理能把我們從不必要的恍惚中喚醒，使我們自由地追求真正要緊的事，並讓我們得以達成最高程度的貢獻。

當我們擺脫非專準主義的胡說八道，然後用專準主義的核心邏輯取而代之時，專準主義者之道就會變得自然而然又出於本能了。

第二天

懂得選擇

選擇的無敵力量

是選擇的能力使我們成為人。

——麥德琳・蘭歌（Madeleine L'Engle），美國作家

　　我睜大眼睛，盯著手中的那張紙。我正坐在一棟摩天辦公大樓的大廳裡。黃昏時分，最後幾個人正為了夜裡的活動而三三兩兩地離開。那張被潦草字跡和一堆箭頭所覆蓋的紙，是20分鐘自發性腦力激盪的成果，寫的是我目前想拿自己的人生怎麼辦。當我看著那張紙時，讓我驚訝的主要是**不在**上面的東西——法學院不在清單上。這引起了我的注意，因為我正在英國念法學院，而且第一年才念了一半。

　　我會申請念法律，是因為有人一再勸我「保留選擇的餘地」。一旦步出校門，我就可以開業當律師。我可以寫法律。我可以教法律。我可以當法律顧問。我可以隨心所欲，論點大

致如上。然而，幾乎打從我念法律的第一刻起，我就不曾在這些事情之間做選擇，反而單純地想要全部都做。白天一整天我都在念法律書籍，夜裡則閱讀優秀的管理大師之作，行有餘力的話也會寫點東西。這是企圖馬上對一切投入心力的典型「騎牆策略」（第四章將更深入討論）。也因此，儘管我在任何事情上都不算完全失敗，不過我也沒有在任何事情上徹徹底底地成功。我很快便開始懷疑，保留選擇餘地究竟好在哪裡。

在一切既有的混亂之中，我接到一通美國友人打來的電話，他邀請我參加他的婚禮，而且已經買了來回機票寄給我！因此我欣然接受他的邀請，為了一趟意料之外的冒險而離開英國。

在美國時，我抓住每一個認識老師和作家的機會。其中一次的會面是跟一名非營利教育小組的主管。我正要離開他的辦公室時他順口提到：「如果你決定留在美國，你應該加入我們的諮詢委員會。」

他脫口而出的話帶有一股神奇的力量。不是因為這個特定的問題，而是他假設我有選擇的餘地：「**如果**你決定留下……」他將之視為一個真正的選項。這使我陷入了思考。

我離開他的辦公室，搭電梯到樓下大廳。我從某人的辦公桌上拿了一張紙，然後坐在大廳裡試圖回答這個問題：「如果你現在只能為自己的人生做一件事，你會做什麼？」

結果一如我先前指出的，法學院沒被寫在那張紙上。

在某種程度上，我始終合乎邏輯地知道自己可以選擇不念法律。但**情感上**，它從來不是一個選項。那時我才意識到，在犧牲選擇力的情況下，**我已經**做了選擇——一個糟糕的選擇。拒絕選擇「不念法學院」，我其實已經選擇了法學院——這不是因為我實際上或主動想要待在那裡，而是消極被動的結果。我想，那時我才首次意識到，當我們交出選擇的能力時，某件事或某個人就會插手替我們做出選擇。

幾個星期後我正式離開法學院。我離開英國，移居美國，開始踏上成為作家和老師的道路。你現在能讀到這本書，就是由於那個選擇。

然而，比起這個特定選擇對我的人生軌道所造成的一切衝擊，我更重視的是它如何改變了我對選擇的看法。我們經常把選擇想像成一樣東西。但選擇不是一樣東西。我們的選項可能是東西，然而選擇卻是一個**行動**。它不只是某樣我們擁有的東西，更是某件我們所做的事情。這個經驗帶給我如釋重負的領悟，那就是，儘管我們可能無法一直掌控自己的選項，但我們**永遠**可以掌控自己如何從中選擇。

你是否曾因為相信自己別無選擇而感到進退兩難？你是否曾因為同時抱著「我不能這麼做」和「我必須這麼做」這兩種彼此矛盾的信念而備感壓力？你是否曾一點一滴放棄選擇的力量，直到你允許自己盲目地遵循一條由別人指定的途徑為止？

如果是這樣的話，你並不孤單。

決定選擇的驚人力量

長久以來，我們過分強調選擇（我們的選擇）的外部觀點，卻不夠強調我們做選擇（我們的行動）的內在能力。這不只是語義上的問題而已。這麼想好了：選項（東西）可以被拿走，但我們做選擇的核心能力（自由意志）別人卻拿不走。

做選擇的能力無法被人拿走或送人——它只能被遺忘。

我們已忘了自己有做選擇的能力

關於我們如何以及為何忘記自己有做選擇的能力這件事，正向心理學之父馬汀・塞利格曼（Martin Seligman）和史提夫・梅爾（Steve Maier）在著名的研究中提出了重要的見解。

他們在對德國牧羊犬進行實驗時，偶然發現了他們後來稱之為「習得的無助」（learned helplessness）的論點。

　　塞利格曼和梅爾把狗兒分成三組。他們給第一組狗兒套上背帶並施予電擊，可是也給牠們一根壓下以後就能使電擊停止的控制桿。他們給第二組狗套上一模一樣的背帶，也給了同樣的控制桿和同樣的電擊，可是卻多了一個圈套：這根控制桿沒有作用，它使狗兒對電擊感到無能為力。至於第三組狗則只是套上背帶，並沒有施予任何電擊。[1]

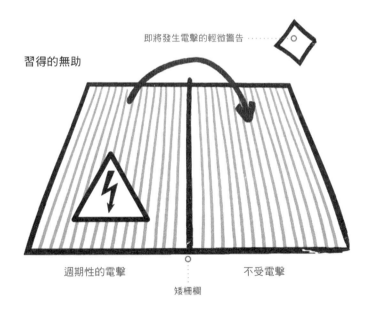

即將發生電擊的輕微警告⋯⋯⋯

習得的無助

週期性的電擊　　　　　　　不受電擊

矮柵欄

　　隨後，每隻狗兒都被安置在一個中間設有矮柵欄的大籠子裡。籠子的一側會產生電擊；另一側不會。接著，有意思的事

情發生了。在實驗初期，那些已經能停止電擊或完全沒有受到電擊的狗兒，很快就知道要跨過柵欄到沒有電擊的另一側。但在實驗尾聲，那些一直無能為力的狗兒卻一動也不動。這些狗兒不會試著適應或調整。牠們不想做任何讓自己不受電擊的事。為什麼？因為牠們不知道自己除了承受電擊以外還有什麼選擇。牠們已經學會了無助。

證據顯示，人類大致上也以相同的方式學會無助。我聽到的一個例子是，有個小孩很早就因為數學而吃盡苦頭。他一再嘗試卻從來沒有任何改善，所以最後他放棄了。他相信他做什麼都無濟於事。

我在許多我共事過的組織中都曾觀察到習得的無助。當人們相信自己在工作上的努力無關緊要時，他們往往會有兩種反應。有時候，他們會查看情況然後停止嘗試，就像那個數學不好的小孩一樣。另一種反應一開始則不太明顯。他們會做相反的事。他們會變得異常活躍。他們接受眼前的每一個機會。他們積極從事每一項任務。他們興致勃勃地應付每一個挑戰。他們想要全部都做。這種行為乍看之下不見得像習得的無助。畢竟，努力工作不正是一個人相信自己的重要性和價值的證據嗎？但進一步檢視我們便能明白，這種想做更多事情的衝動其實只是煙幕而已。這些人不相信他們在接受機會、任務或挑戰時有選擇的餘地。他們相信自己「必須全盤接受」。

我會是第一個承認選擇很難的人。根據定義，選擇涉及對

某件事情或某幾件事情說不，而這讓人感到失落。在職場以外，選擇甚至更難。當我們走進商店、餐廳或任何賣場時，一切總是設計得讓人很難說不。當我們聽信政治廣告或政論名嘴時，他們的目的正是讓我們完全不想把票投給另一個陣營。當岳母打電話（我的岳母當然除外）叫我們去做某件事情時，想讓自己覺得還有選擇餘地更是難如登天。如果我們透過這個鏡頭去看日常生活的話，會忘記自己還有選擇的能力也就不足為奇了。

然而，就成為一名專準主義者的意義而言，選擇正是核心所在。

想成為一名專準主義者，我們必須提高對選擇能力的覺察。我們必須辨認出內在這股獨立存在又有別於其餘一切事物、個人或勢力的無敵力量。威廉・詹姆斯（William James，美國心理學家暨哲學家）曾寫道：「行使自由意志的第一個行動，應該是相信自由意志。」[2]這就是為什麼你在這趟旅程中要學習的第一個和最重要的技巧，便是在生活中的各個領域培養出選擇的能力。

非專準主義者	專準主義者
「我必須這麼做。」	「我選擇這麼做。」
喪失選擇的權力	行使選擇的權力

　　當我們忘記自己的選擇能力時，我們便學會了無助。我們讓自己的力量一點一滴被奪走，直到我們成了執行他人選擇的一項功能——甚至是執行自身過往選擇的一項功能為止。我們逐漸交出了選擇的權力。這就是非專準主義者的途徑。

　　專準主義者則不只是辨認出選擇的力量而已，還讚美它們。專準主義者明白，當我們交出選擇的權力時，我們不僅賦予他人力量，同時也明確地允許他們替我們做選擇。

懂得辨別

不會每一件事都重要

存在於宇宙中的多數事物——我們的行動，
和所有其他的力量、資源、想法——都沒什麼價值，
也少有成果；但另一方面，
有些事情卻能出色地運作並造成巨大的影響。
——理查·柯克（Richard Koch），《80/20法則》作者

在喬治·歐威爾（George Orwell）的經典寓言小說《動物農莊》（*Animal Farm*）中，我們認識了虛構的角色——馬兒「拳擊手」（Boxer the horse）。牠被描述得既忠實又堅強。面對每一次挫折和每一個難題，牠的回答總是：「我會更努力地工作。」牠在最悲慘的境遇下仍忠於自己的人生觀，直到積勞成疾被送進老弱家畜屠宰場為止。牠是一個悲劇人物：儘管有最良善的意圖，但牠不斷增加的努力，實際上卻使農莊裡的不平

等和各種問題更形惡化。

我們的作風是不是有點像拳擊手呢？挫折是不是往往只會增強我們工作更久、更努力的決心呢？我們有時是不是也對每一個挑戰回答「好，我還可以再接下這個」呢？畢竟，我們從小就一直被教導，辛勤工作是產生結果的關鍵，而我們許多人也一直因為自己的生產力，以及使勁完成這個世界拋給我們的每一個任務或挑戰的能力，而獲得充分的獎賞。然而，對很能幹又已經很努力工作的人而言，努力工作的價值有沒有限度呢？會不會有一種情況是做得更多卻**不會**產生更多成果呢？會不會有一種情況是**少做一點**（但思考更多）實際上卻能產生更好的結果呢？

還記得小時候我想賺一些零用錢。在英國，一個十二歲小孩能做的少數工作之一就是送報。酬勞大約是一天1英鎊，而且大概要花上1小時。因此，有段時間我奮力扛起幾乎比自己還重的袋子，在每天清晨上學前挨家挨戶地送1小時報紙（鄭重聲明，我們不能只是把報紙扔在某戶人家的前廊上，就像在美國的做法一樣。我們必須把報紙塞進門上的小信箱，然後一路把報紙推進去）。它是辛苦賺來的零用錢，這一點無庸置疑。

我必須付出很可觀的努力才能賺到1英鎊，而這件事永遠改變了我看待金錢的方式。

從那時候起，我看到自己想買的東西時，都會把它換算成

為了得到它而必須送報的天數。1英鎊的報酬等於1小時的努力。我意識到，用這個速度我必須存上好一陣子才能買到我想要的模型汽車。

接著，我開始思考如何加快這個過程。我領悟到，週六上午我可以替鄰居洗車而不是送報。每輛車我可以收2英鎊，而且1小時可以洗三輛。突然間，小時和英鎊的比例從一比一變成了一比六。我學到了重要的一課：某些類型的努力能得到高過其他類型的報酬。

幾年後上大學時，我去一間企業顧問公司打工。我在他們的客服部門工作，時薪是9美元。用時間和報酬之間的比例去思考這份工作不難。可是我知道，真正有價值的是時間和**結果**之間的關係。

因此我問自己：「在這份工作中，我能達成的最有價值的結果是什麼？」結果是，贏回想中止合約的客戶。於是我努力說服客戶不要中止合約，而且很快就達成了零中止率。由於每留住一個客戶，公司都會付我錢，所以我學到更多，賺到更多，而且也貢獻了更多。

努力工作很重要。可是更多努力不見得就能產出更多成果。不過「少，但是更好」卻可以。

費朗‧亞德里亞（Ferran Adrià）堪稱是世界上最偉大的廚師，他帶領「鬥牛犬」（El Bulli）成為全球最知名的餐廳，而

且至少以兩種做法凸顯了「少，但是更好」的原則。首先，他的專長是將傳統菜餚簡化成絕對的精華，然後以人們過去料想不到的方式重新創造。其次，雖然鬥牛犬每年大約有兩百萬人要求預約晚餐，但它每晚只服務五十人，每年還休息六個月。事實上，我在寫這本書的時候，費朗已全面停止供應食物，並且把鬥牛犬變成了勉強算是全天候食物實驗室的場所。他持續追求的，就只有廚藝的精髓而已。[1]

要習慣「少，但是更好」的想法並不容易，特別是我們過去一直因為多做，而且愈做愈多而得到獎賞。但在某個時間點上，更多的努力卻會使我們進入停滯期，甚至陷入泥淖。

結果和努力之間有直接關聯的想法確實很誘人。它看似公平，但許多跨領域的研究卻描繪出截然不同的情況。

多數人都聽過「帕列托法則」（Pareto Principle），意思是我們有百分之八十的成果來自於百分之二十的努力，而這個觀念早在1790年代就由維爾弗雷多·帕列托（Vilfredo Pareto，義大利經濟學家）介紹給世人。很久以後，品質運動的創始者之一──約瑟夫·摩西·朱蘭（Joseph Moses Juran）又在他於1951年出版的《品管手冊》（*Quality-Control Handbook*）中闡述了這個概念，並稱之為「重要少數法則」（the Law of the Vital Few）。[2]他的觀察是，你可以透過解決一小部分的難題而大幅改善產品品質。為了證明這個概念，朱蘭在日本找到一群自願接受測試的讀者，當時他們因為生產低成本、低品質的商

品而聲名狼藉。朱蘭將高比例的努力和注意力引導到只改善少數幾件至關重要的事情上。而透過這個過程，他使「日本製」一詞獲得了嶄新的意義。漸漸地，品質革命促使日本崛起，成為世界經濟強權。[3]

區分「多數瑣事」和「少數要事」可以應用在或大或小的每一種人為努力上，而寫了好幾本書教大家如何應用帕列托法則（80/20法則）的理查‧柯克（Richard Koch），則已經很有說服力地在日常生活中身體力行。[4]事實上，這種範例隨處可見。

想想華倫‧巴菲特（Warren Buffett）吧！他有一句名言是：「我們的投資哲學近似於昏睡。」[5]他的意思是，他和他的公司相對而言只投資少數標的，並且長期持有。在《看見價值：巴菲特一直奉行的財富與人生哲學》（*The Tao of Warren Buffet*）一書中，瑪麗‧巴菲特（Mary Buffett）和大衛‧克拉克（David Clark）解釋：「華倫在事業初期便下定決心，他不可能做出數以百計的正確決策，因此他決定只投資自己絕對有把握的公司，然後賭上大筆金錢。他有九成的財富歸功於僅僅十項投資。有時候，你不做的事情和你做的事情同樣重要。」[6]簡而言之，他在必要的少數投資機會上下了很大的賭注，而且拒絕了許多只是還不錯的機會。[7]

非專準主義者
認為一切幾乎
都很重要。

專準主義者
則認為一切幾乎
都不重要。

　　有些人則追隨科學家所謂的「冪次法則」（power law），認為努力和結果之間並非呈線性關係。根據冪次法則理論，某些努力實際上會產生比其他努力多出數倍的成果。例如微軟前技術長納森・米佛德（Nathan Myhrvold）就曾說過（後來也親自向我證實）：「比起一般的軟體開發者，頂尖軟體開發者的生產力不只多出十倍、百倍或千倍，而是以萬倍計算。」[8]這個說法或許有些誇大，但它仍提出一個觀點，就是**某種**努力可以讓人事半功倍。

　　令人難以招架的現實是：我們活在一個幾乎一切都毫無用處、只有少數事情格外有價值的世界裡。正如約翰・麥斯威爾（John Maxwell）所寫的，「你無法高估幾乎無足輕重的一切。」[9]

　　當我們捨棄一比一的邏輯時，便會明白追求專準主義者之道的價值所在。我們發現，即使是賣力追求的許多大好機會，通常也遠不如那些真正重要的少數機會來得有價值。一旦理解了這一點，我們便能開始審視周遭那些重要的少數，同時熱切地排除瑣碎的多數。唯有如此，我們才能對好的機會說不，並對真正重要的機會說好。

　　這就是為什麼專準主義者會花時間探索所有的選項。額外的投資合情合理，因為有些事情重要**太多**，它們會讓投入的努力十倍奉還。換句話說，專準主義者會因為分辨得更多而**做得**更少。

非專準主義者	專準主義者
認為一切幾乎都很重要	認為一切幾乎都不重要
基本上對各種機會一視同仁	會將多數瑣事和少數要事區分開

　　許多能幹的人之所以無法達成下一階段的貢獻，是因為他們放不下「一切都很重要」的信念。但專準主義者卻學會了分辨真正重要的事情和其餘一切之間的差異。想練習這個專準主義者的技巧，我們可以從簡單的階段開始。一旦它成了日常決策的第二天性，我們便能將之應用在個人和職業生活中更大、更廣泛的領域裡。想充分掌握這個技巧，需要思想上的巨大轉變。不過你一定做得到。

第四天

懂得取捨

我想要哪一個問題？

策略與做出選擇和取捨有關。

和審慎地選擇與眾不同有關。

——麥可・波特（Michael Porter），當代經營策略大師

想像你可以回到1972年，在每一間名列標準普爾五百指數的公司投資1美元。哪一間公司會在2002年時為你的投資帶來最高的收益呢？是奇異（GE）？IBM？還是英特爾（Intel）？根據《錢雜誌》（*Money Magazine*）和他們委由奈德・戴維斯研究公司（Ned Davis Research）所進行的分析，答案是：以上皆非。[1]

正確答案是西南航空（Southwest Airlines）。這實在令人訝異，因為航空業在創造利潤方面是出了名的糟糕。但西南在赫伯・凱樂赫（Herb Kelleher）的帶領下，年復一年地締造出

驚人的財務佳績。赫伯將專準主義者的做法應用在企業上正是主要原因。

我曾經參加一個活動，赫伯當時在受訪時談到了他的商業策略。[2]當他講起自己如何審慎地為西南做出取捨時，我的耳朵豎了起來。他們沒有試圖飛往所有的目的地，反而審慎地選擇只提供點對點航班。他們沒有為了彌補餐飲成本而提高票價，反而決定不供應餐點。他們無法事先劃位，反而讓大家在登機後自行選位。他們不向乘客推銷更昂貴奢華的頭等艙服務，反而只提供經濟客艙。這些取捨並非出於漠然的接受，而是刻意的選擇。每一個取捨都是為了降低成本所做出的審慎決策。他是否冒了流失想要更廣泛的目的地、想要購買定價過高的餐點等顧客的風險呢？是的，但凱樂赫完全清楚這間公司是什麼——一間低成本航空公司——以及不是什麼，而這些全都反映在他的取捨上。

當他說：「你必須觀察每一個機會，然後說：『嗯，不……我很抱歉。我們不打算做一千件不同的事情，那對我們試圖達成的最終結果沒有多大貢獻。』」就是他在工作上運用專準主義者思維的一個範例。

起先，認為這種做法不可能奏效的評論家、反對人士，以及其他非專準主義者，把西南罵得狗血淋頭。無論票價多便宜，有哪個腦袋正常的人會想搭只飛往某些地點而且還不供應餐點的航空公司呢？可是幾年之後，西南顯然做出了成績。競

爭同業注意到西南飆升的利潤，紛紛開始模仿。然而，他們沒有全權採用凱樂赫的準準主義者做法，反而改採哈佛商學院教授麥可‧波特所謂的「騎牆」（straddling）策略。

簡單講，**騎牆**指的是原封不動地保留現行策略，同時試圖採用競爭者的策略。當時最引人矚目的嘗試之一就屬大陸航空（Continental Airlines）。他們把最新的點對點服務命名為「大陸精簡航班」。

大陸精簡航班採用了西南的某些手段。他們降低票價。他們刪除餐飲。他們停止頭等艙的服務。他們還增加了航班。問題是，由於他們仍緊抓著既有的商業模式不放（大陸精簡航班在該公司提供的航班中只占了少量比例），以致於他們的營運效率不容許在價格方面競爭。也因此，他們被迫以其他方式東摳西節，最後不得不在服務品質上讓步。當西南在關鍵策略領域中做出有自覺的審慎取捨時，大陸航空卻因為不一致的策略而被迫犧牲利潤。根據波特的說法，「策略位置無法長期維持，除非與其他位置互有取捨。」[3]他們試圖透過兩種互不相容的策略來經營公司，卻逐漸削弱了自己的競爭能力。

騎牆策略對大陸航空而言是非常昂貴的教訓。他們因為航班延誤而損失數億美元，而且，根據波特的說法，「延誤和取消的航班造成一天上千起客訴。」執行長最後被炒了魷魚。這個故事的寓意是：**忽略取捨的現實，對組織而言是很糟糕的策略。到頭來，它對一般人而言也是很糟糕的策略。**

　　你是否曾和老是想多做一件事的人相處？這種人明明知道10分鐘後有會要開，而且走過去要花10分鐘，可是他們出發前還是會坐下來回幾封電子郵件。或者，他們同意在週五以前整理出一份報告，即使同一天他們還要結掉另一個大案子。又或者，他們可能答應在週六晚上順道造訪表弟的生日派對，即使他們已經有了在同一個時間開場的表演門票。他們的邏輯忽略了取捨的現實，以為自己可以**兩者兼顧**。更重要的問題在於，這個邏輯是錯的。他們開會免不了要遲到，他們肯定會錯過一方或雙方的截止期限（或是兩個案子都敷衍了事），而且他們若非趕不上表弟的慶生會，就是錯過表演。現實就是，對任何機會說好，當然必須對其他幾個說不。

　　在我們的個人和職業生活中，取捨是很實際的，而在接受現實以前，我們注定像大陸航空一樣——因為保留現行策略（漠然接受原本預設的狀態，不做積極主動的改變），而卡在迫使我們犧牲利潤的「騎牆策略」上，這是我們刻意選擇時不太可能做出的決策。

　　在一篇精闢的《紐約時報》評論特稿中，前雷曼兄弟首席財務長艾琳・卡蘭（Erin Callan）分享了她在漠然接受的情況下進行取捨時所做的犧牲。她寫道：「我一開始的目標並不是全心投入工作。它是隨著時間不知不覺成形的。過去的每一年，小幅度的修改變成了新的標準。起初，週日我會花0.5小時整理電子郵件、待辦清單和行事曆，好讓週一上午能從容一

些。接著，我會在週日工作幾小時，然後又變成一整天。我的界限逐漸消失，直到一切只剩下工作。」[4] 她的故事說明了一個關鍵性的事實：我們若非替自己做出艱難的選擇，就是容許別人──無論是同事、老闆，還是客戶──替我們做決定。

我在工作中注意到，公司裡的資深主管最難接受取捨的現實。我最近花了一些時間和矽谷某間公司的執行長相處，那間公司的市值高達400億美元。他跟我分享了他剛精心製作完成，而且計劃向全公司宣布的組織價值宣言。可是，當他說出「我們重視熱情、創新、執行和領導力」時，我卻為它感到難堪。

這份清單的問題之一是，誰**不**重視這些事情呢？另一個問題是，它沒有告訴員工公司**最**重視的是什麼。它沒有表明當這些價值不一致的時候，員工該做什麼選擇。當公司聲稱他們的使命是一視同仁地為所有利害關係人──客戶、員工、股東──服務時，情況也相去不遠。說他們對往來的每一個人都同樣重視，會使管理階層在面對服務對象之間的取捨時，缺乏明確的指導方針。

我們就以1982年嬌生集團（Johnson & Johnson）在面對悲慘的氰化物謀殺醜聞案時，如何迅速恢復聲譽來進行對照。[5] 當時嬌生集團的市占率達三成七，泰諾（Tylenol）是他們最賺錢的產品。報導顯示，有七個人在服用泰諾後死亡。後來更發現這些瓶子被動過手腳。嬌生集團該如何因應呢？

　　這個問題很複雜。他們的首要責任是立刻將所有的泰諾產品從藥局下架，以確保消費者的安全嗎？他們的當務之急是進行公關損害控制，以免股東拋售股票嗎？或者，他們最重要的本分是慰問和賠償受害者家屬？

　　他們很幸運地擁有「信條」，這是 1943 年由當時的董事長羅勃・伍德・強生（Robert Wood Johnson）所寫下的一則宣言，它被逐字刻在嬌生集團總部的石牆上。[6]有別於多數企業的使命宣言，這則信條很實際地按優先次序列出了公司的組成分子。消費者第一；股東最後。

　　也因此，嬌生集團迅速決定召回所有的泰諾，即使這將對他們的盈虧底線造成劇烈衝擊（根據某些報導，損失高達 1 億美元）。消費者的安全**或** 1 億美元？不是一個容易的決定。可是這則信條卻讓人更清楚地意識到，什麼才是最重要的。它能讓人做出艱難的取捨。

我們可以試著避開取捨的現實，卻無法逃離它們。

　　我曾經和一個需要有人幫忙他們排定優先次序的主管團隊共事過。他們很努力地指出自己希望IT部門在下一個會計年度完成的五個專案，而其中一位經理為此感到特別頭疼。她堅持列出**十八個**「最優先」的專案。我堅持要她選出五個。她把清單帶回去跟組員討論，兩週後他們送回一張她已經設法縮減的清單——可是只少了**一個**專案！（我一直很想知道那個沒能晉級的落單專案是怎麼回事。）由於拒絕做出取捨，最後她必須把只能進行五個專案的時間和精力分攤給十七個專案。一如預期，她沒有得到所想要的結果。她的邏輯向來是：**我們可以全部都做。**這麼做顯然行不通。

　　我們不難明白，否認取捨的現實為何如此誘人。畢竟，就定義而言，取捨涉及兩件我們想要的事物。你想要更多薪水還是更多休假？你想回完下一封電子郵件還是準時出席會議？你想做得更快還是更好？很明顯，當必須在兩件我們想要的事物之間做選擇時，我們偏好的答案是**兩個都要**。但儘管我們很想這麼做，我們就是不能全部都要。

　　非專準主義者在進行每一次取捨時會問：「我要如何兩者兼顧？」專準主義者問的則是更嚴苛、最終卻更令人解脫的問題：「我想要哪一個問題？」專準主義者會審慎地做出取捨。他們為自己行動，而不是等候他人差遣。一如經濟學家湯瑪斯・索威爾（Thomas Sowell）所寫的：「沒有解決方案。唯有取捨而已。」[7]

商業經典《從 A 到 A+》（*Good to Great*）的作者詹姆・柯林斯曾告訴彼得・杜拉克，他若不是打造一間偉大的公司，便是發展一個偉大的想法，但無法兩者兼得。詹姆選擇了想法。而這個取捨的結果是，他的公司依舊只有三名全職員工，可是透過寫作，他的想法卻觸及了數千萬人。[8]

取捨有時雖然令人痛苦難當，但也代表一個重大的機會。我們被迫衡量兩個選項，然後策略性地選出對自己最有利的那一個，並因此大幅增加了達成預期結果的機會。一如西南航空，我們也能因為做出前後一致的選擇而享有成功。

最近在飛往波士頓的航班上，我觀察到一個這樣的例子，當時我正和一對要去哈佛探望兒子的父母聊天。他們顯然以自己的兒子在那兒念書為傲，而我則好奇他們在入學方面採取了哪些策略。他們說，「我們讓他試過很多不同的事物，可是一旦我們弄清楚某個活動不會成為他看重的『大事』時，我們便會加以討論然後帶他離開。」這裡的重點不是所有的家長都該要他們的孩子去念哈佛。重點在於，這些專準主義者父母有意識地決定了他們的目標就是要讓兒子念哈佛，而且也明白成功需要做出策略性的取捨。

這個邏輯在我們的個人生活中也同樣適用。我們剛結婚時，安娜和我遇到一個人，他擁有就我們所知最了不起的婚姻和家庭。我們很想向他學習，於是問他：「**你的祕訣是什麼？**」他告訴我們的其中一個訣竅是，他和妻子決定不參加任

何俱樂部。他不參加當地的聚會。她也不參加讀書會。不是他們對那些事情沒興趣，純粹是他們做出了花時間陪孩子的取捨。多年來，孩子成了他們最好的朋友——而這確實值得他們犧牲任何可能在高爾夫球場上，或透過一本破破爛爛的《安娜．卡列尼娜》（*Anna Karenina*）所獲得的友誼。

專準主義者將取捨視為生活中固有的一部分，而不是生活中固有的負面部分。他們不會問：「我必須放棄什麼？」而是會問：「我要在哪方面全力以赴？」這個思維上的小改變所累積而成的影響有可能十分深遠。

非專準主義者	專準主義者
會想：「我可以兩者兼顧。」	會想：「我想做出什麼取捨？」
會問：「我該怎麼全部都做？」	會問：「我要在哪方面全力以赴？」

在《紐約客》（*The New Yorker*）一篇名為〈笑吧！笑翠鳥〉（Laugh, Kookaburra）的文章中，大衛．塞德里（David Sedaris）幽默地敘述了他在澳洲「荒野」的旅遊經驗。[9]徒步旅行時，他的友人兼當日導遊分享了一件她碰巧在管理課程上聽到的事。「想像一個四口的爐灶，」她指導同行的成員，「一個爐口代表你的家庭，一個代表你的朋友，第三個是你的健康，第四個是你的工作。為了事業有成，你必須關掉其中一個爐口。而為了真正的功成名就，你必須關掉兩個。」

　　當然，這是玩笑話；我在這裡不是要暗示大家，實踐專準主義者之道必須在我們的家庭、我們的健康和我們的工作之間做選擇。我想建議的是，在面對一個優先於家人的選項，和另一個優先於朋友、健康或工作的選項時，我們必須做好問自己「你想要哪一個問題？」的準備。

　　取捨不該受到忽略或責難。它們需要被擁抱，並以審慎、有策略又經過深思熟慮的方式進行。

精挑

我們該如何辨別
多數瑣事和少數要事？

精挑

我們該如何辨別多數瑣事和少數要事？

　　專準主義的一個悖論是，比起相對應的非專準主義者，專準主義者其實探索了**更多**選項。非專準主義者幾乎對每件事情都很興奮，因此對每件事情都會做出反應。然而，由於他們忙著追求每一個機會和想法，以致於他們實際上探索得**較少**。另一方面，專準主義者之道是在做出任何承諾之前，先探索和評估一套廣泛的選項。由於專準主義者只對少數重要的想法或活動做出承諾並「全力以赴」，因此他們一開始會探索更多選項，以確保自己稍後能挑到對的選項。

　　在第二部分，為了探索什麼是必要的事物，我們會討論五種練習。非專準主義者的引力十分強大，強大到讓你會很想跳過或略過這個步驟。然而，這個步驟本身對有紀律地追求更少是不可或缺的。想分辨什麼是真正重要的事，我們必須有思考的空間、觀察和傾聽的時間、玩樂的許可和睡覺的智慧，並且有紀律地將精挑細選的標準應用在我們所做的選擇上。

　　諷刺的是，在非專準主義者的文化裡，這些事物──空間、傾聽、玩樂、睡覺和精挑細選──被

視為瑣碎又令人分心的雜務。往好處想，它們被認為有也不錯。往壞處想，它們則被嘲弄為軟弱和浪費的證據。我們都知道，有強烈企圖心和旺盛生產力的人認為，「我當然很樂意從行事曆上撥出空檔來純粹地思考啊！可是我們現在負擔不起這種奢侈。」或是「玩？誰有時間玩啊？我們是來這裡工作的！」或者，就像一位主管在新人報到過程中對我說的，「我希望你以前有好好睡飽。你在這裡不太有時間睡覺。」

　　如果你相信過分忙碌和過度操勞可以證明你的生產力，那麼你可能會認為，創造探索、思考和反省的空間應該維持在最低限度就好。然而，這些活動正是我們許多人深受非必要忙碌影響的解藥。它們不是令人分心的雜務，它們對區分出什麼**是**真正要緊的事情、什麼**是**實際上令人分心的瑣事至關重要。

　　專準主義者會盡可能花時間探索、傾聽、討論、提問和思考。但探索的本身不是目的。探索的目的是為了將多數瑣事和少數要事區分開來。

第五天

逃離

留點空間，沒有人是無可取代的

沒有極大的孤獨，不可能成就嚴肅的作品。

——畢卡索（Pablo Picasso）

法蘭克・歐布萊恩（Frank O'Brien）是「對話」（Conversations）的創始人，這是一間總部設於紐約、已經在五千間「美國成長最快的私人公司」當中名列第五百名的行銷服務公司。為了回應現今職場的瘋狂步調，他發起了一種激進的做法。

每個月一次，他會把五十人公司裡的每一名員工聚在某個房間裡一整天。不准用手機。禁止寫電子郵件。沒有排任何議程。聚會的目的純粹是為了逃離日常以便思考和交談。提醒你，他並不主持這場每個月中旬的週五聚會，儘管生產力可能停滯，大家也沒有完成任何「真正的工作」。他主持的是每

個月第一個週一的全天會議。這種做法不光是內部紀律而已，就連他的客戶也曉得：別指望在這個「請勿來電的週一」得到回覆。[1]

　　他會這麼做是因為，他知道如果員工老是隨傳隨到，他們便無從得知什麼才是必要的。他們需要空間去釐清什麼才是真正要緊的事。他寫道：「我認為挪出時間來喘口氣、看一看、想一想是很重要的。你的思路必須清晰到那種程度才能創新和成長。」再者，他也把聚會當成一種檢驗方式，以便提醒自己注意員工是否在不必要的事情上花了太多時間。「如果有人因為工作纏身而無法參加聚會，那就是在告訴我，我們若不是做事缺乏效率，便是需要更多人手。」如果他的員工忙到無法思考，那他們就是太忙，沒什麼好說的。

　　為了將多數瑣事和少數要事區分開來，我們需要空間來逃離日常。不幸的是，在這個時間匱乏的年代裡，我們不會平白無故就得到空間——必須刻意爭取才有。一位我曾共事過的領導者便坦承，在一間公司待五年實在太久。為什麼？因為他**在**那間公司裡忙到沒空決定自己是不是該**待在**那間公司裡。繁重的工作讓他每天都無法真的退一步去了解自身的問題。

　　同樣地，某間全球性大型科技公司的資深副總裁也告訴我，他每週花35小時開會。這些會議使他心力交瘁，他一個月甚至找不出1小時來規劃自己的事業，更遑論思考如何帶領他的組織邁向下一個階段。他沒有給自己談論和思辨真實現況

及因應對策的空間，反而在沒完沒了卻懸而未決的提案，以及枯燥乏味的跨部門對話中虛擲光陰。

在你有能力評估及區分必要事物之前，你必須先探索自己的選項。當非專準主義者自動對最新升起的念頭起反應、撲向最新出現的機會，或回覆一封最新收到的電子郵件時，專準主義者選擇的則是創造一個用來探索和反思的空間。

非專準主義者	專準主義者
太過忙碌以致於無法思考人生	創造用來逃離日常和探索人生的空間

創造設計用的空間

在我和史丹佛設計學院（d.school，正式名稱是史丹佛哈索・普萊特納設計學院〔Hasso Plattner Institute of Design〕）共事的經驗中，他們很強調為了探索而創造空間的重要性。當我走進他們提供我授課的那間教室時，我第一個注意到的是，那裡沒有傳統的椅子，反而有一些可供人坐的泡棉方塊——但我很快就發現它們不太舒適。就像設計學院裡的幾乎所有一切，這些全是刻意選擇的結果。在這個例子裡，方塊在那兒是為了讓學生在不舒服地坐了幾分鐘後，**寧可**站起來四處走動、相互交流——而不是只跟坐在他們右邊或左邊的同學交談。學校利用物理空間促成了交流和思考的新方法，而這正是重點所在。

為此，學校也創造了名為「黑色小站」（Booth Noir）的藏身處。這是一個故意設計成只能容納一至三人的小房間。它沒有窗戶，隔音完善，而且刻意排除了令人分心的事物。根據史考特・多利（Scott Doorley）和史考特・威碩夫（Scott Witthoft）合寫的《Make Space：如何建立創意合作的舞臺》（*Make Space: How to Set the Stage for Creative Collaboration*）一書，這個房間「超越低科技。毫無科技可言」。它位在一樓的隱匿處。一如多利和威碩夫所指出的，它不在通往其他任何地點的路徑上。[2] 你去那裡的唯一理由就是思考。透過創造用來思考和專注的空間，學生便能後退一步，擁有更清晰的視野。

基於某種原因，我們對「**焦點**」（focus）這個字有一種錯誤的聯想。好比選擇，人們往往會把焦點想像成一樣東西。是的，焦點是我們擁有的某樣東西。但聚焦（focus）也是一件我們會**做**的事。

為了擁有焦點，我們必須逃離日常以便聚焦。

當我說到**焦點**時，我指的不光是挑一個問題或可能性，然後著魔似地思考它。我指的是為了探索一百個問題和可能性而創造空間。專準主義者聚焦的方式和我們的雙眼一樣，靠的不是注視某個東西，而是不斷地調整和適應視野。

最近我回設計學院開會時（在另一個沒有桌椅的房間，只有從地面延伸至天花板的白板，上頭貼滿了各種顏色的便利貼，而且每種顏色都各具意義）遇到了傑洛米‧厄特利（Jeremy Utley），他是和我一起開發新課程原型的夥伴。某天他靈光一閃，決定將課程命名為「設計精簡人生」（Designing Life, Essentially）。

這門課的唯一目的就是創造空間，讓學生們設計自己的生活。每個星期，他們都有一個預定的藉口可以進行思考。他們被迫關掉筆記型電腦和智慧型手機，並以火力全開的頭腦取而代之。他們的指定作業是審慎地練習辨別多數瑣事和少數要事。你不必待在設計學院也能練習這些習慣。我們都可以學習在自己的生活中創造更多空間。

創造專注用的空間

我認識一名主管，人很聰明，工作又拚命，可是卻經常分心。只要一有時間，他就會同時在Twitter、Gmail、Facebook，以及好幾個即時通訊軟體上聊天。為了努力營造出讓人心無旁

驚的空間，他還曾經請行政助理拔掉電腦上的網路線。但他還是找了許多方法上網。因此，當他努力要完成一個特別的大案子時，他使出了非常手段。他不帶手機，撤走電話，住進一間無法上網的汽車旅館。在幾乎單獨監禁了八週之後，他總算完成了那個案子。

對我而言，這名主管被逼到使出這種手段還滿令人感傷的。但儘管他的做法稍嫌極端，他的意圖卻無可爭辯。他知道，想在工作上做出最高程度的貢獻，就必須創造出不妨礙思考的空間。

想想牛頓。他把歷時兩年的研究寫成了《自然哲學的數學原理》（*Principia Mathematica*）這本書，這是他探討萬有引力和三大運動定律的知名著作。事實證明，這段近乎單獨監禁的期間，在獲得真正的突破上至關緊要，而這項重大進展也形塑了後繼三百年的科學思維。

理察・魏斯特福（Richard S. Westfall）曾寫道：「牛頓在聲名大噪的時期，曾被問到他如何發現萬有引力定律。他的回答是『透過不斷地思考』……想到什麼，就不斷地想下去。也就是說，其餘的一概不想，或差不多只想一件。」[3] 換句話說，牛頓創造出讓人全神貫注的空間，而這個不被打擾的空間能讓他探索宇宙的基本要素。

受到牛頓的啟發，我也採取了類似（或許沒那麼極端）的方法寫這本書。我每天空出 8 小時寫書：從清晨五點到下午一

點，每週五天。基本規則是下午一點前不回電子郵件、不接電話、不排約會、不受打擾。我不見得都能做到，但這個紀律大有影響。我設定了電子郵件的自動回覆功能，它會向寄件者解釋我正在「閉關」，直到新書寫完為止。我用這種方法獲得了多少自由實在很難以言語形容。透過為了探索、思考和寫作而創造空間，我不僅更快把書寫完，還能控制自己要怎麼度過剩下的時間。

這個道理似乎顯而易見，可是你上一次從忙亂的日子裡抽出空來坐下思考是什麼時候？我指的不是你上午通勤時用來編寫待辦清單的那5分鐘，或是你心不在焉地想著如何處理手頭上的另一個專案時所出席的那場會議。我講的是在讓人心無旁騖的空間裡，刻意挪出讓人心無旁騖的時間，除了思考之外什麼也不做。

在充滿小玩意兒又受到過度刺激的世界裡，今天這麼做當然比以往任何時候更加困難。一名Twitter的主管便曾問我：「你還記得無聊是怎麼回事嗎？它再也不會發生了。」他是對的；才不過幾年前，假使你困在機場裡等候延誤的班機，或是在醫生的診間外面候診，你大概就只是坐在那兒，兩眼放空，感覺無聊而已。可是今天每個在機場或候診室裡等候的人，全都黏在他們選擇的科技用品上。當然啦，沒有人喜歡無聊。但消滅任何可以感到無聊的機會，卻使我們失去了以往用來思考和處理訊息的時間。

　　這裡要再提出另一個悖論：事情愈是快速忙亂，我們就愈是需要排定思考的時間。事情愈是喧囂擾嚷，我們就愈是需要打造能讓自己安靜省思和真正專注的空間。

　　無論你認為自己有多忙，你都**能**從平常的工作日裡切出思考的時間和空間。比方說，LinkedIn的執行長傑夫・韋納（Jeff Weiner）每天都會在行事曆裡預留2小時的空檔。他把它們分成30分鐘的追加時段，卻不排進任何事情。這是當連續不斷的會議使他無暇處理手邊的事情時，他逐漸養成的簡單習慣。[4]起初，他感覺像在放縱自己或浪費時間。但最後他發現這是他最具價值的生產工具。他將之視為能確保是**他**在掌控自己的一天，而不是任人擺布的主要方法。

　　就像他向我解釋的：「我確實記得一個特別的日子，由於情況使然，我不是在電話會議上，就是朝五晚九馬不停蹄地開著會。那天結束時，我想到自己無法控制當天的行程表，反而是它在控制我，我感到相當沮喪。然而，考量到那是我在接下目前的職務後唯一能記起那種感覺的一天，我的挫折很快就被感恩的心情所取代。」

　　在這個空間裡，他可以思考必要的問題：公司在三到五年內會是什麼光景；想改善一個廣受歡迎的產品或應付一個未被滿足的消費者需求的最佳途徑是什麼；如何擴大競爭優勢或縮小競爭差距。他也利用他創造的這個空間為自己的情緒充電。這能讓身為領導者的他在解決問題模式和教練模式之間進行

切換。

　　對傑夫來說，創造空間不只是練習而已，而是更廣泛的人生觀的一部分。他已經在組織中和主管生涯中見識到「毫無紀律地追求更多」所造成的影響。因此對他而言，這不是一句口號或流行語，而是一種人生哲學。

創造閱讀的空間

　　我們可以從比爾・蓋茲執行長那兒擷取進一步的靈感，他會定期（而且眾所周知地）從微軟的日常工作中休假一週，純粹只為了思考和閱讀。我曾經在華盛頓西雅圖的「比爾和米蘭達・蓋茲基金會」（Bill and Melinda Gates Foundation）總部參加過一場比爾親自出席的答問會。他碰巧剛結束最近一次的「思考週」。雖然我聽過這種做法，可是我不知道他從1980年代一直延續至今，而且在微軟擴張的顛峰時期也堅持不輟。[5]

　　換句話說，一年兩次，在公司最忙碌、最狂熱的時期，他仍營造出讓自己隱居一週的時間和空間，除了閱讀文章（他的紀錄是一百一十二篇）和書籍、研究科技和思考大局，什麼也不做。今天，他依舊從經營基金會的日常雜務中抽出空檔，以便進行純粹的思考。

　　如果挪出一整週的空檔看似不可能或令人不知所措，還是有些方法能將少許的「思考週」放進每一天裡。我發現一個

有用的練習，就是把每一天的頭20分鐘花在閱讀經典文學上（不是部落格、報紙，或最新的海灘小說）。這不僅能壓制我先前一起床就想查看電子郵件的傾向，還能使我集中心神。同時也拓展了我的觀點，讓我記起了那些不可或缺又禁得起時間考驗的主題和想法。

我偏好勵志文學，雖然這種選擇純屬個人好惡，但有興趣的人不妨考慮以下作品：《禪，無理性的理性》（*Zen, the Reason of Unreason*，暫譯）、《孔子的智慧》（*The Wisdom of Confucius*）、《摩西五經》（*the Torah*）、《聖經》（*the Holy Bible*）、《道：知與不知》（*Tao, to Know and Not Be knowing*，暫譯）、《榮耀古蘭經的義理》（*the Meaning of the Glorious Koran: An Explanatory Translation*，暫譯）、《我的人生思考1：意念的力量》（*As a Man Thinketh*）、《甘地選輯》（*The Essential Gandhi*，暫譯）、《湖濱散記》（*Walden, or, Life in the Woods*）、《摩門經》（*the Book of Mormon*）、《沉思錄》（*The Meditations of Marcus Aurelius*），以及《奧義書》（*the Upanishads*）。選項無以數計。只要確定你挑的是寫在這個超高速連接的時代之前，而且看似永恆的作品就行了。這種作品能挑戰我們對真正要緊的事情的假設。

無論你能否投資一天2小時、一年兩星期，甚至只是每天早上5分鐘，在忙碌的生活中創造一個逃離日常的空間是很重要的。

第六天

留意

看清真正要緊的事

我們在資訊中失去的知識在哪兒？

——艾略特（T. S. Eliot）

　　已故作家諾拉・伊佛朗（Nora Ephron）最知名的電影堪稱《絲克伍事件》（*Silkwood*）、《西雅圖夜未眠》（*Sleepless in Seattle*），以及《當哈利碰上莎莉》（*When Harry Met Sally*），上述每一部作品都曾獲得奧斯卡獎提名。身為作家和編劇，伊佛朗的成功和她捕捉故事**精髓**的能力大有關係——這是她早年在記者生涯中所磨練出來的技巧。但在幹勁十足的新聞界打滾多年，對她影響至深的一堂課卻可一路追溯至她的高中歲月。

　　查理・希姆斯（Charlie O. Simms）在比佛利山高級中學講授「新聞學入門」。他替伊佛朗那班上課的第一天，就和所有的新聞學老師一樣，都是從解釋「導言」的概念教起。他解

釋，導言包含一則報導的**起因**、**事件**、**時間**和**人物**。它涵蓋了不可或缺的資訊。接著，他給了他們第一份作業：替某則報導寫一段導言。

希姆斯以描述這則報導的實際情況開場：「比佛利山高級中學的校長肯尼斯‧彼得斯（Kenneth L. Peters）今天宣布，全體高中教職員下週四將前往沙加緬度參與一場關於新式教學法的學術討論會。講者包括人類學家瑪格麗特‧米德（Margaret Mead）、大學校長羅伯特‧梅納德‧賀欽斯博士（Dr. Robert Maynard Hutchins），以及加州州長愛德蒙‧『帕特』‧布朗（Edmund 'Pat' Brown）」。

學生們敲著手動打字機，試圖跟上老師的步調。接著，他們交出了迅速寫成的導言。每個人都企圖盡可能簡潔地總結人物、事件、地點和起因，例如：「瑪格麗特‧米德、梅納德‧賀欽斯和州長布朗將在……對全體教職員發表演說」、「下週四，全體高中教職員將……」希姆斯看了學生們的導言，並將它們擱在一旁。

接著，他告訴他們，他們全寫錯了。他說，報導的導言應該是「下週四不必上學。」

「那個瞬間，」伊佛朗回憶道，「我意識到新聞學不只是不假思索地重複事實，而是要弄清楚**重點**在哪兒。只知道誰在何時何地做了什麼是不夠的；你必須搞懂它的意思。還有它為什麼重要。」伊佛朗補充說，「他教我的東西在生活中和在新

聞學中一樣有用。」[1]

每一套事實都隱含著必要的資訊。而一名優秀的記者知道，想找到它就必須探索那些資訊的片斷，並理解它們之間的關聯（我大學念的是新聞，所以我很認真地看待此事）。這意味著把那些關係和連結弄清楚，也意味著從部分的總和來建構整體，並了解這些不同的片斷如何匯集成重要的報導。最優秀的記者不會只是傳遞訊息而已。他們的價值就在於發掘與人們切身相關的事實。

你是否曾感覺悵然若失又不確定該專注在哪件事情上？你是否曾被大量的資訊猛烈轟炸，因而感到不知所措又不確定該如何理解？你是否曾被找上你的各種要求弄得頭昏腦脹，分不清孰輕孰重？你在職場或家中是否未能抓住某件事情的要領，直到為時已晚才意識到自己的錯誤？假使如此，以下這個專準主義者的技巧將會非常可貴。

大局

1972年12月29日，東方航空401號班機墜毀在佛羅里達州的沼澤地國家公園，造成一百多名乘客死亡。[2]這是廣體客機（wide-body aircraft）的首次墜毀，也是美國史上傷亡最慘重的空難。調查員後來震驚地發現，在所有足以致命的做法上，飛機始終完美地運作。所以，是哪裡出了差錯？

　　洛克希德噴射機（Lockheed jet）已經準備降落，此時副駕駛亞伯特・史塔克迪爾（Albert Stockstill）注意到起落架的指示燈（一盞示意前起落架是否鎖定的小綠燈）沒亮。但前起落架是鎖定收起的；因此問題出在指示燈，而不是起落架的功能。然而，當駕駛高度專注在起落架的指示燈上時，卻沒注意到自動駕駛已經解除了，直到為時已晚。換句話說，前起落架並未導致這場災難。機組員忽略了更大的問題──飛機的高度才是罪魁禍首。

　　做自己人生中的記者，能使你停止高度專注在細微末節上，並看見更廣大的布局。無論身處何種領域，你都能應用記者的技巧，甚至將它們應用在你的個人生活中。訓練自己找出「導言」，你會突然發現自己能夠看清以前不得要領的事情。你能做的將不只是看見每一天的芝麻小事；你還能串起它們，進而看出趨勢。不要只是對事實起反應，你就能專注在真正要緊的大事上面。

過濾出最迷人的事物

　　我們本能地知道，自己無法探索這輩子遇到的每一則訊息。想分辨哪些是有**必要探索**的訊息，我們必須有紀律地瀏覽和過濾所有只能擇一又相互矛盾的事實、選項，以及不斷爭奪我們注意力的各種意見。

最近我和《紐約時報》專欄作家暨得獎記者湯馬斯·佛里曼（Thomas Friedman）聊到，如何從不必要的干擾中過濾出必要的資訊。在跟我見面之前，他正為了手上的專欄和消息來源見面吃午餐。席間，某人起初以為他沒留意到用餐時的玩笑話。但他聽得**一清二楚**。他記住了餐桌上的所有對話。只不過，除了真正抓住他注意力的事情，他會過濾掉其餘的一切。接著，他會對剛才激起他興趣的事情提出許多問題，試圖串起零散的資訊。

最出色的記者，正如佛里曼後來與我分享的，能聽出別人沒聽見的內容。午餐期間，他一直在聽那些只觸及外圍的談話。他想聽見的是更多沒說出口的**弦外之音**。

專準主義者是強大的觀察者和傾聽者。明白取捨的現實，意味著他們不可能關注每件事情，也意味著他們必須仔細聆聽那些未被言明之事，並在字裡行間進行解讀。一如以《哈利波特》聞名的妙麗·格蘭傑（我承認她不太可能是專準主義者，但專準主義者在這方面是一樣的）所言，「其實我的邏輯很強，這能讓我看到過去各種不相干的細節，並清楚感知到別人忽略的蛛絲馬跡。」[3]

非專準主義者也會傾聽。但他們在聽的時候卻同時準備說話。他們被外部干擾弄得心煩意亂。他們高度專注在微不足道的細節上。他們聽見最大的聲音卻得到錯誤的訊息。他們渴望做出反應卻抓不住要領。而結果就是，借路易斯（C. S. Lewis，

《納尼亞傳奇》作者）的話來比喻，他們可能會在淹水時拿著滅火器跑來跑去。[4]他們無法領會導言的意思。

非專準主義者	專準主義者
留意最大的聲音	留意干擾中的信號
聽見每一句話	聽見弦外之音
無法招架所有的資訊	瀏覽資訊以便找出精髓

處在現代職場的混亂之中，周遭又有太多喧鬧的聲音從四面八方吸引我們，在此時此刻學會抗拒令人心煩意亂的海妖之歌並隨時留意頭條要聞，比以往任何時候都來得重要。你可以利用以下方法找出你的內在記者。

寫日記

眾所周知，「**日記**」（journal）和「**記者**」（journalist）這兩個字源自於相同的字根。在最字面的意義上，記者就是寫日記的人。因此，要成為我們自己人生的記者，最平凡無奇卻效用強大的方法之一便是寫日記。

但可悲的現實是，我們人類是健忘的動物。我甚至可以說是驚人的健忘。不相信嗎？你現在就能透過試著回想上上週四的晚餐吃了什麼來驗證這個理論。或是問問自己，三週前的週

一你出席了什麼會議。如果你像多數人一樣,這次的練習你將會交出白卷。不妨把日記想像成一個儲存裝置,它能備分我們不完美的大腦硬碟。就像有人跟我說過的,最容易斷掉的鉛筆都好過最強大的記憶力。

過去十年,我一直用違反直覺但效果不錯的方法寫日記。簡單講就是:我寫的比我想寫的少。大家剛開始寫日記時,第一天通常會寫上好幾頁。到了第二天,一想到要寫那麼多就不免令人卻步,於是便開始拖延或中止練習。因此,把「少,但是更好」的原則應用在你的日記裡吧!克制一點別寫太多,直到每天寫日記成為一種習慣為止。

我也建議,每隔九十天左右,你不妨花 1 小時讀一讀你在那段期間所寫的日記。但不要過分專注在細節上,像是三週前的預算會議或上週四晚餐吃的義大利麵,而是著眼於更廣泛的模式或趨勢。記下頭條要聞。在你的一天、一週和一生當中尋找導言。微量增加的變化一時之間難以察覺,但隨著時間的推移卻能產生巨大的累積效應。

出門去做田野調查

設計學院有一門名為「為極低購買力而設計」的課程,陳珍(Jane Chen)是學生團隊的成員之一。傳統嬰兒保溫箱的造價是 2 萬美元,這門課卻要求他們以百分之一的成本進行設

計。根據陳珍的說法，在發展中國家「有四百萬名出生體重過低的幼兒會在頭二十八天內死亡，因為他們沒有足夠的脂肪可以調節體溫」。[5]

　　如果將它視為單純的成本問題而倉促投入，他們很可能會製造出廉價的電保溫箱——一個看似合理，結果卻可能無法應付根本問題的解決方案。但他們反而花時間找出真正的重點，還親自去尼泊爾了解這項挑戰。他們發現，有八成的嬰兒在家中出生，而不是醫院，而且農村裡頭不供電。團隊因此恍然大悟，明白他們真正的挑戰是創造某種根本不必用電的東西。有了這個關鍵性的領悟，他們開始認真解決手上的問題。最後，珍和其他三名隊友開了一間名為「擁抱」的非營利公司，並創造出像豆莢一樣的「擁抱窩」。它利用一種在水中預熱再放進睡袋的蠟狀物質，讓裡頭的寶寶能保溫6小時以上。透過親臨現場和徹底探索這個問題，他們得以進一步釐清問題並依序專注在必要的細節上，這使他們最後能對這個問題做出最大的貢獻。

留意異常或不尋常的細節

　　瑪麗安・莎蔓（Mariam Semaan）是來自黎巴嫩的得獎記者。她最近剛在史丹佛大學完成「約翰・S・奈特專業新聞工作者獎學金」的進修課程，她在課程中專攻媒體創新與設計思

維。我請她根據多年來在所有雜音中捕捉真實故事的經驗，分享她從業的祕訣。她的回應振奮人心：她說，找出導言和認出必要資訊是可以學會的技巧。她說，你需要知識。想觸及故事的精髓就必須深入理解這個主題、它的脈絡、它適合擺在大局中的位置，以及它與不同領域的關係為何。因此，她會閱讀所有相關的新聞，試著找出一則別人遺漏或不夠注意的資訊。「我的目標，」她說，「就是了解這個故事的『蜘蛛網』，因為它能讓我認出所有『異常』、『不尋常』或不太符合故事常理的細節或行為。」

瑪麗安說，最重要的是找出「一個已知故事的不同觀點，一個以新鮮、特別或發人深省的方式說明主題的觀點」。她用的其中一招是角色扮演：為了更了解他們的動機、理由和觀點，她會站在報導中所有主要演員的立場思考。

釐清問題

任何看過老練政客受訪的人都知道，他們在實問虛答方面是多麼地訓練有素。對我們所有人而言，迴避困難的問題也可能十分誘人。通常，給一個模稜兩可、全體適用的答案，比總結事實和需要的資訊，並提出一個考慮周到、有憑有據的答案，要來得容易。但含糊其辭卻會將我們進一步送進非專準主義者充滿含混與錯誤訊息的惡性循環裡。而釐清問題就是跳脫

這個循環的出路。

　　Salesforce.com的資深副總裁伊萊・柯恩（Elay Cohen）是六人團隊的成員之一。他們擠進了向來寧靜祥和的卡瓦洛點酒店（Cavallo Point）裡一間遠眺金門大橋的熱門房間。接下來的3小時內，他們將和其他五個團隊在商戰模擬中競爭。他們的任務是針對假設性的管理狀況回答一連串關於處理方式的問題。儘管計時器滴答作響，伊萊的團隊卻一籌莫展。他們提出的每一個答案都衍生出更多的意見和批評，於是一個相當簡單的解題練習很快便惡化成一場雜亂無章、缺乏紀律的爭辯。我的作用是觀察和輔導這個團隊，因此旁觀了15分鐘後，我不得不要求團隊停下來。「你們想回答的問題是什麼？」我問他們。大家尷尬地暫停，卻沒有人做出回應。接著，有人評論了另一件事，團隊又因此突然離題。

　　我再次介入並提出問題。接著又提了一次。最後團隊總算停了下來，確實地思考他們想達成的目標是什麼，以及想達成它們實際上必須做出哪些決定。他們停止私下交談。他們討論所有隨意拋出的想法和意見，傾聽隱含的主題和串起它們的好主意。接著，他們終於從暈車狀態變得氣勢如虹。他們選定一個行動方案，做出了必要的決策，而且將責任歸屬劃分清楚。伊萊的團隊後來贏得了壓倒性的勝利。

第七天

玩樂

有玩心，擁抱童心才能激發創意

睿智的人會珍惜難得的糊塗。

──羅德・達爾（Roald Dahl）
英國兒童文學作家、劇作家和短篇小說作家

在經典音樂劇《歡樂滿人間》（*Mary Poppins*）的結尾，板著臉孔、很不快樂的班克斯先生，因為「被炒了魷魚，扔到街上」而回到家裡。但他似乎毫無疑問且一反常態地高興──高興到其中一名僕人認定他「神經不正常」，就連他的兒子也注意到「這聽起來不像老爸」。的確，當他把補好的風箏拿給孩子們並唱起「讓我們去放風箏」（Let's Go Fly a Kite）時，幾乎就像換了個人似的。從枯燥乏味的銀行工作中重獲自由，班克斯的內在小孩突然變得活力十足。他的好心情帶來了極大的影響，它不僅讓全家人精神抖擻，也為原本抑鬱寡歡的班克斯

家族注入了歡樂、情誼和喜悅。是的，它是一個虛構的故事，但它說明了在日常生活中恢復玩樂的強大效果。

小時候，沒有人正式教我們該怎麼玩；我們自然而然又出於本能地就學會了。想像一個媽媽在遮臉和孩子玩躲貓貓時，小嬰兒流露出來的純粹喜悅。想像一群孩子在一起玩扮家家酒時所釋放的想像力。想像當孩子用一堆舊紙箱蓋出自己的迷你王國時，正處於米哈里·奇克森特米海伊（Mihaly Csikszentmihalyi）所謂的「**心流狀態**」（flow）。[1] 可是，當我們年紀漸長後卻發現了一些事情。有人告訴我們，玩不重要。玩浪費時間。玩不必要。玩很幼稚。不幸的是，這許多的負面訊息竟是來自於充滿想像力的遊戲最該受到鼓勵而非遭到扼殺的地方。

「**學校**」（School）一字源自希臘語的schole，意思是「**閒暇**」。但出自工業革命的現代教育體系已經將閒暇（和多數樂趣）從學習中移除。將研究學校的創造力視為畢生職志的肯·羅賓森爵士（Sir Ken Robinson）便觀察到，學校不僅沒有透過遊戲來激發創造力，實際上還扼殺它們：「我們讓自己接受速食教育模式，而它正耗盡我們的精神和活力，就像速食會使我們的肉體虛弱枯竭一樣……。人類所有形式的成就都源自於想像力。但我相信，我們正有系統地以我們教育孩子和自己的方式在危害著這樣東西。」[2] 他說得沒錯。

　　「玩沒什麼價值」的想法陪伴我們長大成人，在我們進入職場後還變得更加根深柢固。可悲的是，不但很少有公司和組織鼓勵玩這件事，許多公司還不經意地加以破壞。確實，對於玩在激發創意上的重要性，有些企業和主管只是口頭上說說而已，他們多數仍無法創造出那種能鼓舞真正探索的愛玩文化。

　　這沒什麼好訝異的。現代企業脫胎自工業革命，它們存在的全部理由就是有效率地大量製造商品。此外，這些早期經理人的靈感大多仰賴軍方───一個不怎麼愛玩的實體（事實上，軍事用語在今天的大企業裡依舊盛行；我們依舊經常提及「**前線**」的員工，而且「**公司**」這個字本身就是一個軍事單位）。儘管工業時代已經距離我們非常遙遠，可是那些習俗、架構和系統仍普遍存在於最現代化的組織當中。

　　我把**玩**定義成：任何純粹為了開心而做的事情，而不是一種達成目的的手段───無論它是放風箏、聽音樂，還是四處扔棒球。它們看起來可能像是不必要的活動，而且通常也被如此看待。但事實上，**玩**在許多方面**是不可或缺**的。美國國家玩樂研究所的創辦人史都華・布朗博士（Stuart Brown）便曾研究大約六千人的玩樂史，他的結論是：玩有明顯改善從個人健康到關係、教育和組織創新能力等所有一切的力量。「玩，」他說，「能讓大腦更具可塑性、適應性和創造性。」他簡單扼要地表示，「沒有什麼能像玩這樣激發大腦。」[3]

非專準主義者	專準主義者
認為玩不重要	知道玩很必要
認為玩缺乏效益、浪費時間	知道玩可以激勵探索

受邀玩樂的頭腦

　　玩在我們生活中的重要性真是再怎麼強調都不為過。動物界的研究顯示，玩對關鍵認知技能的發展極為重要，甚至可能在物種的存續上發揮特定的作用。花了十五年研究灰熊行為的研究員鮑伯‧費根（Bob Fagan）發現，玩得最凶的熊往往活得最久。當被問到原因時他說：「在挑戰不斷推陳出新、情勢又不明朗的世界中，玩能讓這些熊對變化中的地球做好準備。」[4]

　　雅克‧潘克塞普（Jaak Panksepp）在《情意神經科學：人類與動物情感的基礎》（*Affective Neuroscience: The Foundations of Human and Animal Emotions*，暫譯）一書中也總結了類似的觀點，他寫道：「有一件事是肯定的，在玩的過程中，動物特別容易以靈活又富有創造力的方式表現自己。」[5]

　　但在所有動物的物種當中，史都華‧布朗寫道，人類是最大的玩家。我們為了玩而誕生，並透過玩來建造。玩的時候，我們進行的是人性最純粹的表達，個性最真實的呈現。也難怪

那些讓我們感覺最有活力、那些編織出我們最美好回憶的時光，通常都是玩的時候。

玩能讓我們以探索的方式擴展心智：產生新的想法，或是以新的眼光去看待舊的想法。它使我們更追根究柢、更適應創新，以及更全心投入。玩是實踐專準主義者之道的基礎，因為它至少能以三種具體的方法激發探索。

首先，玩能為我們擴展選項的範疇。它幫助我們看見原本可能看不見的可能性，做出我們原本可能做不到的連結。它打開我們的心房，擴大我們的視野。它幫助我們質疑舊有的假設，使我們更善於接受未經檢測的想法。它允許我們擴張自己的意識之流並想出新的故事。或者一如愛因斯坦所言：「當我檢視我自己和我的思考方法時，我得到的結論是，幻想的天分對我而言，比吸收實證知識的天賦更具意義。」[6]

其次，玩是壓力的解毒劑，而這正是關鍵所在，因為壓力除了是生產力之敵，它其實也會關閉我們大腦中專司創造、好奇和探索的部位。你一定明白那種感覺：你覺得工作壓力很大，然後突然間一切開始接連出錯。你找不到鑰匙，更容易撞到東西，還把重要報告忘在廚房的桌子上。近期的研究結果顯示，這是因為壓力會使大腦監控情感的部位（杏仁核）增加活動，並使負責認知功能的部位（海馬迴）減少活動[7]——簡單講，結果就是我們的大腦確實無法清晰地思考。

我在自己的孩子身上見識過玩的逆轉效應。當他們緊張不

安，感覺事情快要失控時，我會讓他們畫畫。當他們畫畫時，
改變幾乎是立竿見影。壓力會逐漸消失，而他們也會恢復探索
的能力。

第三，正如專攻腦科學的精神科醫師愛德華‧哈洛威爾
（Edward M. Hallowell）所解釋的，玩對大腦的執行功能具有正
面的影響。「大腦的執行功能，」他寫道，「包括規劃、排定
優先次序、安排時程、預做準備、委派任務、決策、分析——
簡而言之，就是所有主管為了在事業上出類拔萃所必須掌握的
多數技巧。」[8]

玩會刺激大腦中涉及小心謹慎、邏輯推理和無憂無慮、自
由探索的部位。有鑑於此，許多思考上的關鍵性突破會發生在
玩的時候也就不足為奇了。哈洛威爾寫道：「哥倫布在玩的時
候漸漸明白地球是圓的。牛頓在腦袋裡玩遊戲時看見蘋果樹並
突然想出了重力這回事。華生和克里克在玩 DNA 分子的可能
形狀時偶然發現了雙螺旋結構。莎士比亞一輩子都在玩抑揚格
五音步。莫札特醒著的時候幾乎沒有一刻不是在玩。愛因斯坦
的思想實驗更是邀請頭腦玩耍的絕佳範例。」[9]

在工作和玩樂中

有些創新的公司終於開始意識到玩的重要價值。Twitter
執行長迪克‧科斯特洛（Dick Costolo）便透過喜劇來推廣玩

樂；他在公司內部促成了一門即興表演課程。身為前脫口秀諧星，他知道即興演出能強迫大家舒展頭腦，並以更靈活、更不落俗套、更有創意的方式進行思考。

其他的公司則透過物理環境來推廣玩樂。IDEO公司在麵包車裡舉行會議。你可能會在Google園區撞見（這只是許多例子之一）一隻停滿粉紅色紅鶴的大恐龍。在皮克斯動畫工作室裡，藝術家的「辦公室」更可能被裝飾成從西部老酒館到小木屋等任何東西（我造訪時感到最驚奇的，是一間從地板到天花板排滿了上千個「星際大戰」玩偶的小木屋）。

一位我以前在出版社認識的女強人擺了一個史泰博（Staples）出品的「簡單按鈕」在辦公桌上。每次有人離開她的辦公室時，都會像小孩子一樣享受用手掌猛按紅色大按鈕的興奮感——這會使預錄的聲音向整間辦公室大聲宣布：「那還不簡單！」另一位同公司的女士則是在走道盡頭的辦公室裡掛了一幅童書插畫的裱框海報，好提醒自己童年時期的閱讀樂趣。

辦公桌上的玩具、停滿紅鶴的恐龍，以及擺滿可動玩偶的辦公室，對某些人而言可能看起來像是令人分心的東西，但重點在於，它們也可能是完全相反的東西。這些努力**挑戰**了非專準主義者認為玩不重要的邏輯，還把玩當成創意和探索的重要驅力來加以歌頌。

玩不只幫助我們探索必要的事物。 它本身就是不可或缺的事。

那麼，我們要如何在職場和生活中引進更多好玩的事物呢？布朗在書中收錄了一份協助讀者和玩重新連結的入門指南。他還建議讀者挖掘過去的玩樂回憶。小時候做什麼事情最讓你興奮呢？今天你又該如何重新創造它呢？

第八天

睡眠

好好睡，保護你的最佳資產

每晚，當我沉睡時，我等同死亡；

隔早，當我甦醒時，我等同再生。

——聖雄甘地（Mahatma Gandhi）

　　恐慌之中，傑夫從床上坐起身子。他覺得腦袋裡好像有顆炸彈爆炸似的。他汗流浹背，惴惴不安。他聚精會神地聽著。這是怎麼回事？但一切悄無聲息。或許這是他吃了什麼東西的奇特反應也不一定。他試著繼續入睡。

　　隔天夜裡舊事重演。幾天後在中午發生。他才剛從印度回來，因此，起先他以為這可能是他為了幫助自己在時差下入睡，合併服用了瘧疾藥物和過敏用藥豐樂敏（Benadryl）的反應。可是當他的處境逐漸惡化時，他發現情況更為複雜。就好像他經歷了焦慮發作卻沒有任何焦慮一樣——有的只是身體症

狀而已。

　　傑夫是一名無懈可擊的高成就者，他極度渴望能有一番作為（先交代一下他的背景，他祖父是早期「和平工作團」〔Peace Corps〕的管理者）。傑夫雄心勃勃、幹勁十足，而且承諾要為這個世界做出貢獻：他是Kiva（編注：全球第一家個人對個人的微型貸款網站）的董事會成員；他被提名「安永年度企業家獎」和「世界經濟論壇」的全球青年領袖；他是一支績效優異的影響力投資基金的共同創辦人，還是一個全球微型信貸組織的執行長，這個組織的觸角正對世界各地超過一千兩百萬個貧困家庭伸出援手。他三十六歲，正值事業巔峰。

　　傑夫不斷地出差，這使他經常失眠。他的公司總部設在西雅圖，但在舊金山、印度、肯亞等地也設有辦事處。他會定期飛去倫敦開會，然後在印度的五個不同城市待上六天，再到日內瓦和投資者開幾小時的會，然後回西雅圖待上一天半。三年下來，他有六、七成的時間在出差。平均下來，他每晚大約只睡4～6小時。

　　但在三十六歲的盛年，他的工作步調卻開始威脅到他的健康與貢獻能力。始於夜間發作的各種症狀日趨惡化。他的器官逐一停擺。他的心率起伏不定。他痛到沒辦法站直身體。他因為無法消化而必須攪碎食物。他的血壓低到太快起身就會昏倒。他曾經兩度進出急診室。他一直告訴自己，談好下一筆生意他就會慢下來，然後是下一筆，然後是再下一筆。可是他當

然沒有停止。他確信自己只要撐下去，就能替這個困境找到出路。他不想面對必須縮小規模的取捨。但他很快便嘗到苦果：他被迫在最後一刻取消會議，因為他虛弱到無法出席；或是他想發表演說，卻因為腦袋一片混沌而徹底搞砸。他開始懷疑自己對公司而言是否弊大於利——而他確實是如此。

經過清楚的診斷，醫生最後給了他兩個選項：他可以為了應付症狀而吃上一輩子的藥，也可以放下一切，花一、兩年的時間接受治療和恢復健康。起初傑夫不接受這個取捨。他是好勝的三項全能運動員，他自認為可以用和處理腳踝扭傷或旋轉肌撕裂傷一樣的邏輯來應付。他向醫生誇口，他只要休息幾個月就能重回巔峰狀態：「你看著好了！看著就對了！」

他休了兩個月的假，但令他驚訝的是，他完全垮掉了。他每天晚上睡14小時！然後再休息一整天。有幾天他甚至下不了床。整整六個星期他什麼事也不能做。他終於爬回去找醫生，而且承認這得花上不止兩個月的時間。

他信守承諾，擺脫了生活中讓他產生壓力的一切。他向董事會請辭，還決定離開公司。他說：「決定放手非常、非常地難。我走出董事會議時，淚水在眼眶裡打轉，然後我跟老婆說：『我不想用這種方式離開我的心血！』」

在接受治療方案時，他構思了一種完全致力於重獲新生和恢復健康的生活方式。他改變了飲食。他和家人去法國南部住了一年。治療和氣候，以及生活方式的改變，也發揮了作用。

帶著新的思維模式，他開始思考自己透過這次經驗所學到的
教訓。

兩年半後，傑夫到坦尚尼亞（Tanzania）出席世界經濟論
壇的全球青年領袖活動。某天晚上的自由開講之夜（open-mic
night），傑夫被拱上臺，向兩百位功成名就的同儕分享了他的
心得。他慷慨激昂地告訴大家，他付出了高昂的代價才學會簡
單卻不可或缺的一課，那就是「保護資產」。

保護資產

想對世界做出貢獻，我們擁有的最佳資產就是**我們自己**。
如果對自己投資得不夠，我指的是我們的身、心、靈，我們便
會損害用來做出最高貢獻的必備工具。而人們——特別是雄心
勃勃的成功人士——損害這項資產最常見的方式之一，就是讓
自己睡眠不足。

如果我們讓A型本能接管一切，我們將會像傑夫一樣耗盡
心力。我們會太早累死自己。我們對自己必須像對事業和生意
一樣有策略。我們必須調整步調、滋養自己，為自己添加用來
探索、茁壯和表現的燃料。

經過長時間的休養，傑夫在他對功成名就的沉迷中看見一
個有趣的悖論：對A型性格而言，用力督促自己**不難**，把自己
逼到極限反而容易！對樂於接受挑戰的人而言，真正的挑戰是

不要那麼努力工作。他向每一位高成就者解釋，「如果你認為自己強悍到無所不能，我要給你一個挑戰。如果你真的很想努力去做某件事情，就去對一個機會說不，這樣你才能小睡一下。」

二十一歲時，我也認為睡眠是某種應該避免的東西。對我而言它是必要之惡：一種把原本可以有效運用的時間浪費掉的行為，是弱者或意志薄弱者才需要的東西。幻想當超人然後一晚只睡幾小時令人興奮不已。我甚至用一些激烈又不合常理的方法做實驗，試圖要減少睡眠。

有一項睡眠研究要求部分參加者一天只能每隔4小時睡20分鐘，我讀完以後試著照做。我是可以忍受一下子，但我很快就發現，雖然按照這個睡眠時間表不至於有生命危險，但它有它的缺點。比方說，儘管我是醒著的，但我的大腦只是勉強運轉而已。它變得比較難去思考、規劃、排定優先次序，或看清更大的局面。它難以做出決策或選擇，而且幾乎辨別不出瑣事和要事。

我很快就撐不下去了，但我仍然確定，我睡得愈少就愈能把事情做完。因此，我採取每週熬一晚通宵的新戰術。這麼做好不了多少。接著，我太太——她不喜歡我這種做法——給了我一篇文章，它徹底改變了我看待睡眠的方式。它質疑睡眠是生產力之敵的想法，而且很有說服力地主張，睡眠事實上是顛峰表現的驅動者。我記得那篇文章引用的例子，是頂尖商業領

袖們誇口自己睡足了8小時。我記得它也引用了比爾·柯林頓（Bill Clinton）的話，他說他這輩子犯下的每一個重大錯誤，都是睡眠不足的後遺症。從此以後，我就試圖每晚睡上8小時。

你呢？想想上星期吧。你有任何一晚睡不到7小時嗎？你有連續幾晚睡不到7小時嗎？你是否曾發現自己洋洋得意地說著或想著：「**我不必。我不需要睡足8小時。我只要睡4、5個小時就能活了。**」（如果你現在還這麼認為，這一章會讓你大有斬獲。）好吧，儘管顯然有人能用更少的睡眠時間活下去，但我發現他們多半只是習慣疲勞而已，他們早就忘了充分休息究竟是什麼滋味。

非專準主義者之道，是將睡眠視為在已經過度勞累、過度承諾、忙碌卻不見得有生產力的生活中的另一個負擔。專準主義者則將睡眠視為能讓自己更常做出高水準貢獻的必需品。這就是為什麼他們會有系統又刻意地將睡眠排進時間表的原因，如此一來，他們才能做得更多、達成更多，並探索更多。「保護資產」能使他們在為日常生活忙碌時，為了不時之需而儲備精力、創意和解決問題的能力──不像非專準主義者，他們永遠不知道會在何時何地被自己的疲勞所控制。

專準主義者會為了明天能夠多做一些，而選擇現在少做一件事情。是的，這就是取捨。但日積月累下來，小小的取捨也能產生大大的回報。

非專準主義者	專準主義者
認為：	知道：
少睡1小時等於多了1小時的生產力。	多睡1小時等於多了更有生產力的幾小時。
失敗者才需要睡覺。	績效優異者需要睡眠。
睡眠是奢侈品。	睡眠是優先事項。
睡眠滋生懶惰。	睡眠孕育創造力。
睡眠讓你無法「全部都做」。	睡眠能使心智做出最高程度的貢獻。

打破睡眠的汙名

所以，假使「保護資產」這麼重要，為什麼我們會如此輕易放棄自己寶貴的睡眠呢？對高成就者而言，有部分原因可能是他們像我以前一樣贊同錯誤的信念，以為少睡一點就能達成更多目標。但有充分的理由足以挑戰這個假設，有愈來愈多的研究已經證實，一夜好眠其實能使我們**更有**生產力，而不是更少。

安德斯・艾瑞克森（K. Anders Ericsson）針對小提琴手所做的著名研究，因為麥爾坎・葛拉威爾（Malcolm Gladwell）的「10,000小時定律」（編注：此為葛拉威爾在其著作《異數：超凡與平凡的界線在哪裡？》〔*Outliers: The Story of Success*〕的重要主張）而廣為人知。安德斯發現，最優秀的小提琴手比差強

人意的學生花了更多時間練習。[1]他的研究成果證實了專準主義者的邏輯，證明熟練需要專注和刻意的努力，明白卓越就在自己能力所及的範圍內，而不是只賜給最具天賦者的祝福，確實很鼓舞人心。但該研究結果也危險地近似於在鼓勵非專準主義者「我必須全部都做」的思維模式。這種有害的迷思很可能導致人們為工時愈來愈長、收入卻愈來愈少而辯解。

也就是說，直到我們看了來自同一項研究卻較不知名的另一個結果時才能明白：在區分出最優秀的小提琴手，以及尚可的小提琴手的重要因素中，僅次於練習的其實是**睡眠**。最優秀的小提琴手每24小時平均會睡8.6小時，大約比一般美國人多睡1小時。他們每週還會花平均2.8小時小睡一下，比一般人多出2小時。這份研究報告的作者斷定，睡眠讓這些頂尖表演者重獲新生，使他們在練習時可以更加專注。所以，是的，儘管他們更常練習，但更充分的休息也讓他們**在練習時獲得更多成果**。

在《哈佛商業評論》一篇名為〈睡眠為競爭力之母〉（Sleep Deficit: The Performance Killer）的文章中，哈佛醫學院鮑爾丁迪諾睡眠醫學講座教授查爾斯・柴斯勒（Charles A. Czeisler）說明了睡眠不足如何損害優異的績效。他將睡眠不足比喻成飲酒過量，並解釋通宵熬夜（例如24小時沒睡）或一整週每晚只睡4～5小時，實際上所「導致的損傷，相當於血液中有千分之一的酒精含量。想想看，我們絕不會說『這個人的工作表現極佳！他總是醉醺醺的！』但我們卻一直讚揚為

工作而犧牲睡眠的人」。[2]

　　儘管睡眠通常與讓身體休息有關，但近期的研究顯示，睡眠與大腦的關聯其實更深。事實上，德國呂貝克大學（Luebeck University）的一項研究便證實，一夜好眠確實有可能增加腦力並強化我們解決問題的能力。

　　《自然》（Nature）雜誌報導，他們在這項研究中給了上百名志願者一種非傳統方式的數字益智遊戲，想揭開答案必須先找出一組「隱藏的密碼」。[3]志願者被分成兩組：一組可以不受打擾地連睡8小時，另一組的睡眠則受到干擾。接著，科學家觀察有哪些志願者找出了隱藏的密碼，以及他們發現的速度有多快。結果，連睡8小時的人解開謎題的人數是睡眠不足者的**兩倍**。為什麼？研究人員解釋，我們睡覺時大腦會努力地編碼和重組資訊。因此，我們醒來時大腦可能已經做出了新的神經連結，從而為眾多難題提供了更廣泛的解決方案。

　　我要給我們當中的早鳥和夜貓子來點好消息。科學證實，即使小睡一下也能提高創造力。我舉一個例子就好，來自美國《國家科學院院刊》（Proceedings of the National Academy of Sciences）的一份報告顯示，即使是單一的REM（快速動眼）週期，都能增強非相關訊息的整合。換句話說，即使是短時間的深沉睡眠，也能幫助我們做出這種新的連結，讓我們能夠更深入地探索世界。

　　簡而言之，睡眠讓我們能在最高程度的貢獻上執行任務，

如此一來，我們便能花更少的時間來達成更多的目標。儘管在談到熬夜工作時，強調男子氣概的文化依舊存在，幸運的是，這種汙名正逐漸褪去，而這有部分得歸功於一些績效超高的人——特別是在向來讚揚蠟燭兩頭燒的產業界——曾公開誇口睡足8小時。這些人（他們大多是真正的專準主義者）知道，健康的睡眠習慣能賦予他們龐大的競爭優勢，而他們是對的。

亞馬遜網路商城的創辦人傑夫‧貝佐斯（Jeff Bezos）正是其中之一。他說：「我更機警，而且想得更清楚。如果我睡足8小時，我一整天都會感覺好很多。」網景（Netscape）的共同創辦人馬克‧安德森（Mark Andreessen）則是另外一位。這位已經改過自新的睡眠限制者過去經常工作到凌晨，卻仍在清晨七點起床。他說，「我一整天都想回家睡覺。」現在，他說自己的睡眠標準是：「只睡7小時的話，我會開始退化。6小時算不上理想。5小時會是個大問題。4小時代表我是殭屍。」週末他會睡12小時以上。他坦承：「這對我的工作能力大有影響。」

這幾位主管的發言，被引用在一篇名為〈睡眠是成功創業家最新的地位象徵〉（Sleep is the New Status Symbol for Successful Entrepreneurs）的文章中。[4]《華爾街日報》的南西‧傑弗瑞（Nancy Jeffrey）寫道：「這是官方消息。睡眠，這個稀有物品在壓力過大的美國是最新的地位象徵。它一度被嘲弄為無用的弱點——1980年代高喊『失敗者才吃午餐』的

同一批高成就者也認為『笨蛋才睡覺』——如今卻被吹捧成讓主管們恢復創造力的好夥伴。」我們可以針對這點加以補充：它也是讓專準主義者恢復辨別能力的好夥伴。

在《紐約時報》的另一篇文章中，前雷曼兄弟首席財務長艾琳·卡蘭說了一個故事。「在2005年的公司派對上，一位同事問我當時的老公，我週末都做些什麼。她知道我是拚命三郎。『她划獨木舟、攀岩，然後再跑個半馬嗎？』她開玩笑地問。沒有，他簡單地回答：『她睡覺。』這是真的。當我不需要趕工時，我會把週末用在替未來的一週養精蓄銳上。」[5]

所以，如果睡眠的汙名仍存在於你的職場，請考慮在工作上發起一個明確鼓勵睡眠的計畫。假使它聽起來太激進，請仔細想想睡眠的許多好處——更大的創造力、更強的生產力，甚至是更低的健康照護費用——對盈虧有多麼直接的影響。從這個角度看來，鼓勵經理或人事部門制定書面政策並不會太難（畢竟，許多公司都曾提出飲酒政策，而且，正如我們所知道的，酒精和睡眠不足對績效的影響確實有其相似之處）。比方說，哈佛大學的查爾斯·柴斯勒（Charles Czeisler）便提出了一個政策，搭乘紅眼航班（red-eye flight，編注：指於深夜起飛、翌日凌晨抵達目的地的客運班機。由於飛行時間少於常人睡眠需求，旅客下機後往往紅眼眶、睡眠惺忪，故而得名）之後，任何員工不得開車上班，而其他公司則允許員工在熬夜加班的隔天晚點進公司。這類型的公司和領導者知道，「保護資

產」是信託責任的問題。

在本書的研究經費贊助下，我最近去Google著名的打盹艙裡小睡了一番。它是一個白色的太空艙，大約有20平方英尺，大到足以躺下來卻無法完全躺平。它有一個圓頂的蓋子，可以遮住我大部分的身體卻無法完全遮住，也因此，起初我有一點不自在，還納悶自己能不能睡著。可是30分鐘後，當打盹艙輕輕震動讓我知道時段結束時，我已經用不著懷疑了。

當我從小睡中醒來時，我真的可以感覺到自己有多麼地需要它。我覺得腦袋更清楚、更敏銳，也更機警了。

想使用Google的打盹艙（nap pods）只要在行事曆上登記即可。我造訪的那星期有多少人使用過呢？我很想知道。由於它坐落的樓層有五十名工作人員，我猜想至少也有十或二十個人吧！錯。根據行事曆，只有一個人利用中午的機會小睡30分鐘，替他的大腦和身體充電。儘管如此，打盹艙的存在對於示意員工「睡眠是優先事項」仍然十分重要。

我們的最高優先事項，是保護我們排定優先次序的能力。

在本章中，我們一直在談論如何探索和評估選項，以便從瑣碎、平庸，甚至還不錯的多數當中辨別出重要的少數。很顯然，這是一個排定優先次序的過程。它包括過濾眾多選項的艱困挑戰，而它們乍看之下**全部**都很重要。但正如專準主義者的邏輯所解釋的，現實中只有少數的事情格外有價值，其餘絕大多數的重要性都遠不及它們。而睡眠不足的問題就在於它會損害我們分辨差異的能力，以及排定優先次序的寶貴能力。

睡眠能在你醒著的時間裡，增強你探索、建立連結，以及做得更少但更好的能力。

第九天

嚴選

找回選擇的力量

內部流程迫切需要外在標準。

——維根斯坦（Ludwig Wittgenslein），哲學家

在一場名為「別再說好。不是說好極了，就是說不」（No more yes. It's Either HELL YEAH! Or No）的演說中，廣受歡迎的TED講者德瑞克‧席佛斯（Derek Sivers）提供一個讓我們在做選擇時變得更挑剔的簡單技巧。關鍵就在於考驗這個決定的極限：假使我們對某件事情抱有徹底而絕對的信念，我們才說好。**任何**不夠格的都應該予以否決。或像一名Twitter主管跟我提過的，「**如果答案不是明確的好，那它就應該是不。**」這是專準主義者核心原則的扼要總結，而它對精挑的過程至關重要。[1]

德瑞克身體力行這個原則。當沒有任何他面試的求職者令

他驚豔時，他會一概說不。最後他找到了最佳人選。當他意識
到他在世界各地報名了幾個他不是真心感興趣的研討會時，他
決定待在家裡，全數跳過，然後把省下來的十二天用在更有生
產力的目標上。當他試著決定要住哪裡時，他排除了似乎很不
錯的地方（雪梨和溫哥華），直到他造訪了紐約並立刻知道那
是最適合他的地方。

　　回想一下，當我們採用「我以後還有沒有機會穿這件衣
服？」這種寬鬆的標準時，我們的衣櫃會發生什麼事。衣櫃會
變得凌亂不堪，而且塞滿我們很少穿的衣服。但如果我們問的
是「我**真的真的很愛**這件衣服嗎？」我們就能排除雜物，騰出
空間來裝更好的東西了。我們也可以在生活中的各個領域對其
他的選擇（無論或大或小，值得注意或微不足道）如法炮製。

百分之九十法則

　　最近，一位同事和我忙著從近百名申請者中挑出二十四名
來上我們的「設計精簡人生」課程。首先，我們確認了一套
最低標準，像是「能夠全勤」。接著，我們選定了一套理想屬
性，像是「已經為改變人生的體驗做好準備」。我們用這些標
準替每一名申請者打上從一到十的分數。我們判定為九分和十
分的人是當然人選。任何七分以下的人則自動出局。然後，
他們給了我一個不怎麼好的差事：評估那些七、八分的中間人

選。當我努力判斷哪個人選夠好時，我浮現了這個念頭：如果某件事情（或者在這個情況下是某個人）只是**不錯**或**勉強**夠好——也就是說，七或八分——那答案就應該是**不**。這真是令人如釋重負。

你可以把它想成「百分之九十法則」，並將之應用在幾乎每一個決定或困境上。當你評估一個選項時，先為那個決定想出一個最重要的標準，然後簡單地替那個選項在零到一百之間打分數。如果你給它的評價低於九十，就自動把評價歸零並加以否絕。如此一來，你就能避免陷入猶豫不決的窘境，或者更糟，卡在六、七十分裡。想想看，如果你在某個測驗上只得到六十五分會有什麼感覺。為什麼你要刻意選擇用那種方式去感受生命中的重要抉擇呢？

想掌握這個專準主義者的技巧，也許比本節當中的其他任何技巧更需要我們對承認取捨的現實保持警惕。很明顯，採用精挑細選的標準也是一種取捨；有時你不得不拒絕一個看上去很棒的選項，並相信完美的選項很快就會出現。有時候它會，有時候它不會。但重點在於，正是這個採用挑選標準的行為，迫使**你**去選擇要等待哪一個完美的選項，而不是讓別人或宇宙來替你選擇。一如任何專準主義者的技巧，它會迫使你積極主動地做出選擇，而不是消極被動地接受選擇。

在我們生活中的各個領域，這種吹毛求疵的決策方法好處應該是很清楚的：當我們的選擇標準太過寬鬆時，會發現自己

對太多選項做出承諾。而替我們的選項訂出簡單的數值，能使我們有意識、合乎邏輯又理性地做出決策，而不是基於一時的衝動或情緒。是的，採用嚴苛的標準需要紀律，沒能這麼做的話，將會付出高昂的代價。

非專準主義者對他們在個人和職業生活中所做的決策採用含混或心照不宣的標準。例如：當決定接下工作上的某個專案時，非專準主義者可能會以含混的標準行事。「如果經理要我做，我就應該去做。」或是更寬鬆地說，「如果有人要我做，我就應該試著去做。」甚至更寬鬆地說，「如果公司裡的其他人都這麼做，我就應該去做。」在社群媒體時代，我們更大量地意識到別人的一舉一動，而這個標準會放大所有我們「應該」去做的非必要活動，並創造出格外嚴重的負擔。

非專準主義者	專準主義者
對幾乎所有的要求或機會說好	只對前百分之十的機會說好
採用寬鬆、含混的標準，像是：「如果我認識的人這麼做，我就應該去做。」	採用狹隘、具體的標準，像是：「這**確實**是我在找的嗎？」

一個我共事過的主管團隊，一度為了決定承接哪些案子而訂出三大標準。但過了一段時間以後，他們變得愈來愈亂無章法，最後那間公司的作品集似乎只有一個共同的標準，就是客戶要什麼給什麼。也因此，團隊的士氣一落千丈。這不光是因

為團隊成員接了太多工作，以致於過度勞累又不堪負荷。這也是因為似乎沒有一個案子能夠自圓其說，無法讓大家看到更遠大的目標。更糟糕的是，現在他們變得很難在市場上做出區隔，因為他們先前占有的那些具獨特商機又有利可圖的工作，已經變得相當一般。

唯有透過極限標準逐一確認，他們才能擺脫耗費他們七、八成時間和資源的工作，轉而開始專注在最有意思的案子上，進而做出最棒的市場區隔。此外，這個系統可以讓員工自行選擇他們能做出最高貢獻的案子；他們曾經被出爾反爾的管理決策所擺布，但現在他們有了發言權。有一次，我看見團隊中最安靜、最資淺的成員回嗆了那名最資深的主管。她說：「按照我們的標準，我們應該接下這個客戶嗎？」在訂出挑剔又清楚的標準以前，這種事情從沒發生過。

把標準訂得既挑剔又清楚，能讓我們用這套系統化的工具去辨別什麼是必要的，然後把不必要的全部過濾掉。

挑剔、清楚，而且正確

馬克・亞當斯（Mark Adams），Vitsoe的董事總經理，過去二十七年來一直審慎地將挑選標準應用在他的工作上。

Vitsoe製造家具。家具業因為大量生產（每一季都供應大量的新色彩和新樣式）而惡名昭彰。但Vitsoe數十年來只供應

一項產品：606通用層架系統。為什麼？很簡單，因為Vitsoe
有非常特別的標準，而606通用層架系統是唯一合格的產品。

606系統凸顯了專準主義者「少，但是更好」這個我們在
第一章討論過，並由迪特‧拉姆斯所提倡的準則。有鑑於606
通用層架系統的設計者正是迪特，因此這不只是巧合而已。但
相形之下，Vitsoe的招聘方式可能還更加挑剔。

他們以寧缺勿濫的基本假設為出發點，因此在尋找新員工
時，他們有一套嚴苛又系統化的挑選步驟。首先，他們會進行
電話訪談。這是故意的，因為他們想去除所有形成第一印象的
視覺提示。同樣地，他們也想聽聽這名未來員工在電話上的表
現如何，以及這名員工是不是能有條理地在指定時間內找到一
個安靜的地方。他們以一種最節省時間的方式，在這個階段淘
汰了不少人。

其次，求職者會由公司上下的許多人進行面試。如果求職
者順利通過幾次面試，他們便會邀他／她花一天時間和團隊共
事。接著，管理部門會向整個團隊發送問卷，問他們對這名求
職者有什麼感覺。但他們不會只問顯而易見的問題，反而會
問：「他／她會**喜歡**在這裡工作嗎？」以及「我們會**喜歡**和他
／她共事嗎？」在這個時間點上不會送出任何聘書，也不會向
求職者暗示任何承諾。它的目的是讓雙方盡可能如實地看見彼
此。假使合得來，求職者便能繼續參加最終的面試，而且有可
能得到一份聘書。假使團隊沒有十足的把握，那答案就是一個

不字。

有一次，一名求職者應徵一個層架組裝團隊的職缺。這是一個重要的職務；這些組裝人員是產品和公司的門面。我們所談論的這名求職者在組裝層架系統時表現良好。但和馬克一起聽取匯報後，團隊卻有些擔憂。那天工作結束後，當他們正在收拾工具時，那名求職者只是把工具扔進箱子再蓋上蓋子而已。對你我而言，這似乎是個微不足道的違規行為，普通到不值一提，更遑論讓一整天在其他方面毫無瑕疵的工作價值蒙上陰影。但對團隊而言，它卻意味著漫不經心，以致於無法符合他們對理想人選的想像。馬克聽完之後表示贊同，於是便禮貌地告訴那名求職者，他不是符合Vitsoe文化的適當人選。對馬克和他的團隊而言：

如果不是明確的好，它就是明確的不。

但支持他們在篩選過程中精挑細選的不只是直覺反應（儘管這也很要緊）。有些可能看似出爾反爾的決定，其實是出自

一個有紀律又一直想弄清楚何者可行、何者不可行的做法。比方說，他們知道一個人小時候愛玩樂高的程度和他／她適應Vitsoe文化的程度之間具有高度的關聯性。他們並不是憑空挑選。多年來他們嘗試過所有的方法，有些留了下來，但多數沒有。

這個團隊在做評估時也採用一套清楚的標準。他們的主要標準是，「這個人會不會是個**天賜**的人選？」這就是為什麼他們會設計出包含了多方面試的挑選過程。這就是為什麼他們會發展出工作一天的初步測試。這就是為什麼他們會發送問卷調查想法。一如任何真正的專準主義者，他們試圖收集**相關**資訊，好讓自己能做出資訊齊全、經過計算又深思熟慮的決定。

Box的執行長亞倫・李維（Aaron Levie）也有類似的聘用標準。他單純只問，會不會想要天天與這個人共事。「我們考量這件事情的方法之一是，」他說，「這個人原本有沒有可能是這個團隊的創始成員之一？」如果答案是肯定的，他就知道自己找到了恰當的人選。[2]

當機會來敲門

在決定要追求哪個機會時挑三揀四是一回事，可是當機會來敲門時，這麼做卻可能變得更加困難。我們得到一個自己並不期待的工作機會。有個不太算是本業的次要計畫突然現身，

但能讓錢輕鬆入袋。有人要求我們幫忙做一些我們愛做的事，但它是無償的工作。有個熟人在一個不算理想的地點有一間分時享用的度假屋，但費用可以打折。我們該怎麼辦呢？

對錯失機會的恐懼開始全面生效。我們怎麼可以說不呢？聘書就在那裡等你簽字。我們可能永遠不會追求這個目標，但它現在得來全不費工夫，因此我們會考慮看看。可是，假使我們只因為它能輕易到手，就對它說好，我們稍後就得冒著對一件更有意義的事情說不的風險。

這正是南西・杜爾特（Nancy Duarte）在創立溝通設計公司時發現自己面臨的窘境。2000年，這間公司是從建立企業識別到平面稿、網站開發和設計簡報（設計公司最厭惡的工作）什麼都做的一般代理商。但缺乏一項有別於他人的專長，使這間公司開始變得跟當地其他的設計公司沒兩樣。

接著，南西讀了詹姆・柯林斯的《從A到A+》。書中堅決主張，如果你對一件事情充滿熱情，而且你可以做到最好，你就應該**只做那件事情**。這時她才意識到，讓這間公司有別於他人的真正機會很可能是業界沒人想做的那種工作：設計簡報。

專注在沒人要做的工作上，能讓他們創造出在簡報領域成為業界翹楚的知識、工具和專門技術。但要實現這一點，他們必須拒絕其餘的一切。即使是在經濟不景氣的年代。即使別人要給他們有償的工作。這就是做出區隔的代價。換句話說，他們對自己承接的工作必須更加挑剔，如此一來，他們才能將全

副精力導向在自己的專業領域中出類拔萃。

你可以利用下面這個簡單又系統化的步驟，把挑選標準應用在主動上門的機會上。首先，把那個機會寫下來。其次，列出為了被納入考量，那些選項必須「通過」的三個「最低標準」。第三，列出為了被納入考量，那些選項必須「通過」的三個理想或「極限標準」。想當然耳，如果這個機會過不了第一套標準，答案顯然是不。但如果它同樣過不了**三分之二**的極限標準，答案仍然是不。

機會 你眼前有 哪些機會？		
最低標準 你將這個選項 納入考量的最 低標準是什麼？		
極限標準 你認可這個 選項的理想 標準是什麼？		

布魯克林最棒的一塊披薩

在人生的重大決策上應用更嚴苛的標準，能讓我們更深入探索大腦中複雜的搜索引擎。不妨把它想像成在 Google 搜尋「紐約市最棒的餐廳」和「布魯克林最棒的一塊披薩」之間

的區別。如果我們搜尋「一個不錯的工作機會」，大腦會端上許多可供探索和瀏覽的頁面。與其如此，何不進行進階搜尋，然後提出「我深深熱愛的是什麼？」、「能讓我發揮天賦的是什麼？」，以及「能符合世間顯著需求的是什麼？」這三個問題呢？不用說，能瀏覽的頁面不會一樣多，但這正是練習的重點。我們不是在找一堆還不錯的事情去做。我們是在找**一件**能讓自己做出最高貢獻的事。

　　安立克‧薩拉（Enric Sala）便是以這種方式找到了他這輩子的天職。[3]在事業發展初期，安立克是加州拉霍亞（La Jolla）聲名卓著的斯克里普斯海洋研究所（Scripps Institution of Oceanography）的教授。但他一直覺得，他當時的職涯規劃相較於他真正該做的事情，不過是個緊跟在後的次要選項罷了。因此，他離開學術界，轉而與《國家地理雜誌》合作。那次成功令華盛頓特區出現了一些新鮮又誘人的機會。他再次覺得自己**接近**正確的職涯規劃，但還不算步入正軌。就像經常發生在有幹勁、有抱負的人身上的事情一樣，他初期的成功讓他從明確的目標上分散了注意力。打從看見傑克‧庫斯托（Jacques Cousteau）登上著名的卡里普索號（Calypso）那一刻起，他便夢想在世界上最美麗的海洋潛水。所以幾年後，當一個千載難逢的機會上門時，他為了能讓自己真的做出最高貢獻而再次轉換跑道：成為《國家地理雜誌》的「國家地理駐會探險家」（Explorer-in-Residence）。他可以花很大一部分時間在最偏遠

的地區潛水，還能利用他在科學和通訊方面的優勢影響全球性的政策。他得到夢幻工作的代價，就是對自己遇到的許多還不錯、甚至很好的類似機會說不，然後等待他可以滿懷熱情地說好的機會。而等待是值得的。

安立克是相對少見的例子之一，他從事自己熱愛的工作，運用自己的天賦，也滿足了世間的重要需求。他的主要目標是協助建立相當於國家公園的東西，以藉此保護海洋中的最後一片淨土——一個不可或缺的真正貢獻。

簡化

如何排除瑣碎的多數？

簡化

如何排除瑣碎的多數？

　　回想一下我們在第一章談到的衣櫃比喻。這本書讀到這裡，你已經對掛在衣櫃裡的每一樣東西做出了判斷。你也把衣服分成了「必須留下」和「或許應該清掉」這兩堆。可是你真的準備好要把「或許應該清掉」的那一堆塞進袋子裡送走了嗎？

　　換句話説，只是確定哪些活動和努力無法盡可能做出最佳貢獻是不夠的，你還必須積極地排除它們。本書的第三部分將告訴你如何排除不必要的事物，如此一來，你才能對真正重要的事情做出更高程度的貢獻。不僅如此，你還會學到一種讓你能從同事、老闆、客戶和同業那兒實際獲得**更多**尊重的做法。

　　擺脫那些舊衣服並不容易。畢竟，你內心仍有擺脫不掉的勉強，你內心對「萬一」仍有揮之不去的恐懼，你擔心把那件加了大墊肩的鮮豔細條紋外套送走之後，過了幾年就會開始後悔。這種感覺是正常的；研究發現，我們在替已經擁有的物品估價時，往往會高估它們的價值，也因此，我們會發現自己更難擺脫它們。如果你還沒準備好跟那件比喻裡的外套分道揚鑣，不妨問問這個殺手級的問題：「如果我不是已經

有了這件外套，我會花多少錢去買它？」同樣地，當你決定究竟要排除生活中的哪些活動時，這個殺手級的問題就是：「如果我沒有這個機會，我願意為了得到它而做些什麼？」

　　當然，學會對出現在工作和生活中的機會——通常是很棒的機會——説**不**的紀律，比扔掉衣櫃裡的舊衣服難上不知多少倍。可是你必須學會它，因為任何時候只要你無法對不必要的事物説「不」，你其實就是在消極被動的情況下説好。因此，一旦你已經充分探究了自己的選項，你應該問自己的問題絕不是：「在清單上那些只能擇一的優先事項中，我應該對哪一個説好？」你應該問的必要問題反而是：「我應該對哪一個説**不**？」這個問題會揭露出你真正的優先事項。這個問題會為你的團隊指出未來的最佳路徑。這個問題會揭露出你真正的目標，協助你不僅對自己的目標做出最高程度的貢獻，同時也能顧及組織的使命。這個問題能為你提供難得和珍貴的清晰思路，這是在你的事業和生活中達成改變遊戲規則的突破所必備的。

第十天

釐清

不要準備千種備案，只要做出一個決定

朝著一個目標不斷前進：

這就是成功的祕訣。

——安娜・帕芙洛娃（Anna Pavlova），俄羅斯芭蕾舞者

我們先來玩個遊戲。下一頁是三間公司的使命宣言。請試著替每一間公司與它的使命宣言配對：[1]

公司	使命宣言
1 AGCO 公司 備用零件、牽引機、牧草收割機和農具等農耕設備的主要製造商及經銷商。	**A** 透過優質的客戶服務、創新、品質和承諾，達成利潤的成長。
2 都福（Dover）集團 垃圾車等設備、噴墨印表機等電子設備和電路板組裝的製造商。	**B** 成為每一個市場的領導者，並使我們的顧客和股東獲益。
3 迪恩（Dean）食品集團 食品和飲料公司，尤其是牛奶、乳製品和豆類製品的製造商。	**C** 公司的主要目標是使長期股東的收益最大化，同時依司法管轄區的法律行事，並永遠遵從最高的道德標準。

做得如何？如果你完全不曉得該怎麼解開謎題，你並不孤單。缺乏明顯差異的宣言使它成了不可能的任務。這類含糊、誇大的使命宣言，在某些領域可能仍被視為「最佳範例」，但在許多情況下它們卻達不到意圖實現的目標，那就是：以明確的目標激勵員工。

本書的這個部分談的全是如何排除不必要的事物，目的是確保我們能把精力投注在對我們最有意義的活動上。你即將學習如何排除的第一種非必要事物，就是任何與你意圖實現的目標不一致的活動。這聽起來簡單易懂，但要做到這一點，你必須一開始就真的清楚自己的目標是什麼——而這正是本章的出發點。

解答：1（A），2（B），3（C）

從「很清楚」到「真的清楚」

　　和我共事的主管們經常表示，他們公司的目標或策略「很清楚」，好像在說這樣就夠了似的。但任何有戴眼鏡的人都知道，「很清楚」和「真的清楚」之間有極大的區別！同樣的情況似乎也適用於個人的事業策略。當我問大家「未來五年內，你**真正**想從事業中獲得的是什麼？」時，我依舊對很少有人能回答這個問題而感到吃驚。

　　目標的明確性向來能預測人們的工作品質，如果不是基於這個事實，它也不會這麼重要。在和高階主管團隊共事時，我一直驚訝地見識到，當團隊對他們試圖達成的目標只有「幾分明確」而非「真的清楚」時，會有什麼下場。

　　首先，就人類動力學而言，這會付出沉痛的代價。事實是，缺乏目標時動機會下降，合作關係也會惡化。你可以培養領導者的溝通和團隊合作能力，然後進行三百六十度的回饋評量報告，直到你臉色發青為止，但如果團隊缺乏明確的目標和職責，問題便會日益惡化並大量增加。

　　這不只是我的理論，或是我從別本商業書籍裡讀來的東西。蒐集了五百多人在上千個團隊裡的工作經驗，我從資料中發現了始終如一的現實，那就是：當團隊的主張、目標和職責都非常不明確時，人們會經驗到困惑、壓力與挫折。另一方面，當一切都十分明確時，人們會經歷的則是成長茁壯。

當目標不明確時，人們會在許多瑣事上浪費時間和精力。當他們的目標夠明確時，他們便能在那些真正重要的領域上取得更大的突破和創新——甚至比人們認為他們應有的成就還要卓越。我在工作中還注意到，當團隊缺乏明確的目標時，通常會出現兩種常見的模式。

模式1：耍政治手段

在第一種模式中，團隊變得過分專注於贏得主管的青睞。問題是，當人們不知道比賽的最終階段為何時，他們就不清楚該如何取勝，也因此，他們會編造出自己的比賽和規則，試圖爭取主管的青睞。他們沒有將時間和精力集中在做出高程度的貢獻上，反而把所有的努力投注在像是：試圖讓自己看起來比

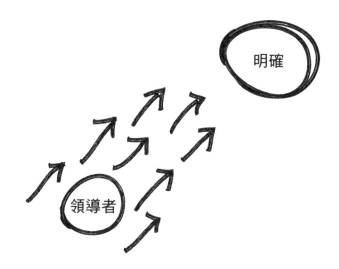

同事更體面、證明自己的重要性,以及附和主管的每一個想法或情緒等花招上。這些活動不僅毫無必要,還會造成損害並產生適得其反的後果。

我們也在個人生活中做出類似的事情。當我們不清楚人生的真正目標時——換句話說,當我們對自己的目標、抱負和價值觀缺乏明確的判斷力時——我們就會編造出自己的社交競賽。我們會浪費時間和精力,試著讓自己比別人稱頭。我們過分重視不必要的事物,像是更好的車子、房子、Twitter上的追蹤人數,或是我們在Facebook照片上看起來的樣子。也因此,我們忽略了真正不可或缺的活動,像是花時間陪伴心愛的人、滋養我們的心靈,或是照顧自己的健康等等。

模式2:什麼都好(其實很糟)

在第二種模式中,缺乏目標的團隊會變得群龍無首。少了明確的方向,人們會去追求那些能促進自身短期利益的事,卻鮮少體認到他們的活動對整體團隊的長期使命有何貢獻(在某些情況下其實是破壞)。這些活動多半立意良善,有些在個人層面上甚至不可或缺。可是當人們在團隊中工作時,許多彼此八竿子打不著的專案便無

法加總成團隊的最高貢獻。這樣的團隊就像是前進一步卻後退了五步。

　　同樣地，當個人參與太多彼此不相干的活動時——即使是不錯的活動——他們可能無法達成自己的重要使命。其中一個原因是，這些活動並不一致，因此它們無法加總成有意義的整體。比方說，主修五個不同的科目，每一個都非常好，卻不等於一個學位。又好比，在五個不同的產業做五份不同的工作，也無法加總成一番有前景的事業。缺少清晰的思路和明確的目標，只因為某件事物很好就去追求，並不足以做出高程度的貢獻。一如愛默生（Ralph Waldo Emerson）所言，「使個人與國家貧瘠的罪行是只為糊口而工作——它使你不惜拋棄天賦降格以求，淨做一些拉拉雜雜的瑣事。」

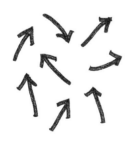

　　另一方面，當團隊真的清楚他們的目標和個別職責時，在團隊動力上所發生的事情則教人吃驚。應有的動能一旦全力衝刺，便能為整體團隊加總出更高的累計貢獻。

　　那麼，我們要如何在團隊甚至個人的努力中制定出明確的目標呢？方法之一便是選定一個必要意圖。

必要意圖

想了解什麼**是**必要意圖，我們最好先確定什麼**不是**。[2]冒著賣弄顧問老套的風險，我們將以二乘二的矩陣來探討這一點。

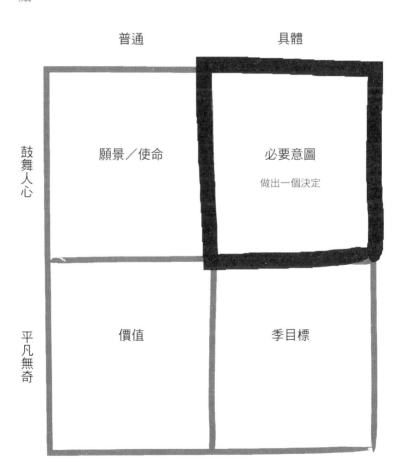

普通　　　　　　　　　具體

鼓舞人心　　願景／使命　　　必要意圖
　　　　　　　　　　　　　做出一個決定

平凡無奇　　價值　　　　　　季目標

在左上象限，我們有一些像是「我們要改變世界」的願景
和使命宣言：那種**聽起來**鼓舞人心，但普通到讓它們幾乎完全
遭到忽視的宣言。在左下象限，我們有一套含糊又普通的價值
——像是「創新」、「領導地位」和「團隊合作」——但這些
通常太過平淡，而且普通到無法激發任何熱情。在右下象限，
有一些我們會注意到的短期季目標，像是「比去年同期業績增
加百分之五的利潤」；這些比較短期的戰術或許具體到足以引
起我們的注意，可是卻往往無法激勵士氣。

另一方面，必要意圖則鼓舞人心又十分具體，既有意義又
能加以衡量。做得對，一個必要的意圖便能一勞永逸，免除後
續的許多決定。它就像在決定你會成為醫生而不是律師一樣。
一個策略性的選擇會排除其他選項的經驗領域，同時替你人生
中接下來的五年、十年或二十年制定路線。一旦做出重大決
定，所有後續的決定都會變得更加清晰。

非專準主義者	專準主義者
有一則含糊、普通的願景或使命宣言	有一個具體又鼓舞人心的策略
有具體的季目標，但它們無法激勵或鼓舞人們努力往下一個階段邁進	有一個有意義又令人難忘的意圖
有一套價值基準，但缺乏執行的指導原則	做出一個一勞永逸的決定

當瑪莎・蓮恩・福克斯（Martha Lane Fox）被英國首相任
命為英國的首任「數位推手」時，她有機會替這個新創造出來

的職務撰寫一段說明文字。你可以想像瑪莎可能會用所有含糊不清、缺乏創意或充滿術語的方法來解釋它；一如即將真實上演的《呆伯特》（*Dilbert*）漫畫。

但瑪莎和她的團隊反而想出了這個必要意圖：「在2012年的年底以前，讓英國的每一個人都能連線上網。」簡單、具體、鼓舞人心又容易衡量。它讓團隊裡的每個人都清楚知道自己該做的事，如此一來，他們便能將行動和精力協調一致，進而排除其餘的一切。它也讓團隊裡的每個人都被充分授權，雖然難免會有成員質疑，「這個新構想真的能幫助我們達成目標嗎？」而這使他們更能利用夥伴的支持來大大加速這趟旅程。即使他們最遠大的抱負尚未達成，但明確的目標卻能使他們做出比在其他任何情況下還要偉大的貢獻。

這個才是我們的公司、團隊和事業所需要的目標宣言。那麼，我們要如何打造一個既具體**又**鼓舞人心，既有意義又教人難忘的目標宣言呢？

別字斟句酌了，開始決定吧！

在為你的公司、你的團隊，甚至是你自己發展目標宣言時，我們往往會著迷於瑣碎的風格細節，像是「我們應該用這個字還是那個字？」但這會使得它很容易陷入無意義的陳腔濫調和流行語，並導致含糊而無意義的宣言，就像我在本章開頭所提及的那些。必要意圖不見得需要精雕細琢；有價值的是本

質而非風格。我們應該問的反而是這個必要的問題，它將影響你未來所做的每一個決定，那就是：「如果我們只能在一件事情上出類拔萃，它會是什麼事情？」

問「我們怎麼知道自己做到了？」

也就是說，在談到立定明確的目標時，鼓舞人心的確重要。而想到鼓舞人心時，我們通常會想到冠冕堂皇的詞藻。儘管浮誇之詞確實能激勵士氣，但我們必須記住，具體的目標同樣有振奮和鼓舞人心的力量。一個強大的必要意圖之所以能激勵士氣，有部分原因是它可以很具體地回答這個問題，那就是：「我們怎麼知道自己成功了？」

曾在麥肯錫任職三十年、為許多執行長和資深領導者擔任策略顧問，目前在史丹佛商學院講授「非營利管理策略」的比爾・米漢（Bill Meehan）教授精闢地向我說明了這一點。我念研究所時上過他的課，當時他給我們的其中一項作業，就是評估非營利組織的願景和使命宣言。

當班上同學仔細審視上百個例子時，他們注意到，那些最浮誇的例子其實**最無法**鼓舞人心。比方說，有一個使命是「消除世間的飢餓」，可是考量到那個組織只有五個人，這個使命感覺不過是一句空話而已。接著，在充斥這類模糊鬆散的理想主義的亂象之中，出現了一則我們馬上就能理解並深受鼓舞的使命宣言。它出自一個稍微令人意外的地方：演員暨社會企業

家布萊德‧彼特（Brad Pitt）。他對紐奧良在卡崔娜颶風肆虐後缺乏重建進度感到驚恐，因此帶著「為住在低九區的家庭打造一百五十間經濟實惠、環保，又能抵抗暴風的住家」的必要意圖，創辦了名為「正確行事」（Make It Right）的組織。這個宣言吸引了所有人的注意。目標的具體性使它變得真實。真實性則令它鼓舞人心。因為它回答了這個問題：「我們怎麼知道自己成功了？」

實踐你的意圖

必要意圖不僅適用於你的職務描述或公司的使命宣言；真正的必要意圖還能帶領更強烈的目標意識，並協助你制定自己的生命途徑。比方說，曼德拉在獄中度過的二十七年就使他成了一名專準主義者。1962 年，當他被關進牢裡時幾乎失去了一切：他的家、他的名譽、他的自尊，當然還有他的自由。他選擇用那二十七年來專注在真正重要的事情上，同時排除其餘的一切——包括他自己的憤怒。他把消除南非的種族隔離政策當成他的必要意圖，並在實踐的過程中建立起留存至今的遺產。

創造必要意圖並不容易。它需要勇氣、洞察力和遠見，才能看清哪些活動和努力會加總成你個人的最高貢獻。它需要提出嚴苛的問題，做出真正的取捨，鍛鍊嚴明的紀律，以便刪除那些相互競爭、使我們無法專注於真正意圖的優先事項。但這

些努力是值得的，因為唯有具備真正明確的目標，人們、團隊和組織才能充分動員並達到真正卓越的成就。

第十一天

膽量

優雅說「不」的力量

勇氣是壓力下的優雅。

——海明威（Ernest Hemingway）

在適當的時機說出適當的「不」，能改變歷史的進程。

羅莎・帕克斯（Rosa Parks）是諸多實例之一。在仍有種族隔離的年代，美國蒙哥馬利（Montgomery）一輛巴士上，帕克斯在恰到好處的時刻，安靜卻堅定地拒絕放棄自己的座位，進而匯集了推動民權運動的多股力量。帕克斯回憶道，「（公車司機）看到我還坐著，就問我要不要站起來，我說，『不，我不要。』」¹

和普遍的看法相反，她英勇的「不」並非產生自一般而言特別果斷的傾向或個性。事實上，當她被任命為「美國全國有色人種協進會」蒙哥馬利郡分會主席的祕書時，她解釋：「我

是那裡唯一的女性，而他們需要一位祕書，可是我膽小到沒辦法說不。」[2]

更確切地說，她在公車上的決定產生自一個堅定的信念，這使她在那一刻做出了自己想要的審慎選擇。當公車司機命令她離開座位時，她說：「我覺得有一股決心包覆了我的身體，就像冬夜裡的被子一樣。」[3]她並不知道自己的決定將點燃一場在世界各地引發迴響的運動。但她**確實**有自己的想法。她知道即使遭到逮捕，「那也會是我最後一次被這種屈辱所糾纏。」[4]而避免這種屈辱，值得冒上坐牢的風險。事實上，對她而言，這是必要的舉動。

的確，我們不太可能發現自己面臨像羅莎‧帕克斯一樣的局面（但願如此）。但我們可以受她鼓舞。當我們需要敢於說不的勇氣時，我們可以想想她。當我們面對向非必要事物投降的社會壓力而需要堅守立場時，我們可以回想她堅持信念的力量。

在你認為正確的事，以及別人逼你去做的事情之間，你是否曾感到一絲緊張？在你的內在信念和外部行動之間，你是否曾感到矛盾衝突？你是否曾為了避免衝突或摩擦而口是心非？你是否曾因為害怕令老闆、同事、朋友、鄰居或家人失望，而對拒絕他們的邀約或請求感到太過恐懼或膽怯？如果你曾經如此，那你並不孤單。以勇氣和優雅來駕馭這些時刻，是成為專準主義者最需要掌握的重要技巧——也是最難的一個。

　　我原本不打算為勇氣寫上一整章。但我愈是深入研究專準主義這個題目，就愈是清楚自己一直將勇氣視為淘汰過程的關鍵。若缺乏勇氣，則有紀律地追求更少不過是空口說白話而已。只是讓晚宴多一個話題罷了。這很膚淺。任何人都能高談闊論專注在最要緊的事情上的重要性——這麼做的人很多——可是敢身體力行的人卻很少。

　　我說這些並沒有批判的意思。我們有許多害怕說不的好理由。我們擔心自己會錯過大好機會。我們害怕惹事生非、興風作浪、自斷後路。我們一想到要令自己尊敬和喜歡的人失望就無法忍受。這些都不會讓我們變成壞人。這是身而為人很自然的一部分。但就像對某人說不一樣困難，做不到這一點會使我們錯失某些更重要的事物。

　　一位名叫辛西亞的女士跟我說過一個故事，當時她父親正計劃帶她去舊金山玩一晚。十二歲的辛西亞和父親已經替這場「約會」策劃了好幾個月。他們規劃出一整份以分鐘為單位的行程表：她會參加他最後 1 小時的演講，在四點半左右去房間後面跟他會合，趁大家都想跟他說話前火速離開現場。他們會搭電車去唐人街吃中國菜（他們的最愛）、逛街買紀念品，看一下觀光景點，然後去「看場電影」。接著，他們會攔一輛計程車回飯店，跳進泳池很快地游一下（她父親以溜進關閉的泳池聞名），再從客房服務那兒點一份熱巧克力奶油糖漿聖代，然後觀賞深夜電視節目。他們在動身前一遍又一遍地討論細

節。而期待正是整體經驗的一部分。

　　一切都按計畫進行，直到她父親在離開會議中心時，遇見一位大學時代的老朋友兼生意夥伴為止。他們已經有好幾年沒見了，辛西亞看著他們熱情地擁抱彼此。事實上他朋友說：「我很高興你現在跟我們公司有一些合作。當蘿伊絲和我聽到消息時，我們都認為棒極了。我們想邀請你，當然還有辛西亞，去碼頭吃一頓豪華海鮮大餐。」辛西亞的父親回答：「鮑伯，見到你真是太開心了。在碼頭吃晚餐聽起來很棒！」

　　辛西亞垂頭喪氣。她幻想的電車之旅和冰淇淋聖代瞬間化為泡影。此外，她討厭海鮮，而且她可以想像聽大人聊一整晚會有多麼無聊。但她父親接著說：「不過今晚不行。辛西亞和我規劃了一個特別的約會，對嗎？」他對辛西亞眨了眨眼，抓住她的手，然後就跑出門繼續去過那個難忘的舊金山之夜了。

　　辛西亞的父親碰巧是管理思想家史蒂芬·柯維（Stephen R. Covey，《與成功有約》的作者），他在辛西亞告訴我這個故事的幾週前剛過世。因此，她在回想舊金山之夜時感慨萬分。她說，他簡單的決定「使他永遠與我緊緊相繫，因為我知道對他而言最重要的是我！」[5]

　　史蒂芬·柯維，他那個世代最受尊敬、作品流傳最廣的商業思想家之一，是一名專準主義者。他不僅經常將專準主義者的原則——像是「最重要的事情就是讓最重要的事情保持重

要」——傳授給舉足輕重的領導者和世界各國的領袖，他還身體力行。[6]而此刻和自己的女兒一同實踐，他確實留下了比生命更長久的回憶。以某種觀點來看，他的決定似乎顯而易見。但許多身處那種情形的人，可能會因為害怕看似無禮或不領情而接受友人的邀約，或放棄一個稀有的機會以便跟老友聚餐。那麼，敢**在當下選擇必要**的事情而不是非必要的事情為何會如此困難呢？

一個簡單的答案是，我們不清楚什麼是必要的。當這種情形發生時，我們變得毫無防備。另一方面，當我們的內在十分清明時，我們就像受到一個力場的保護，讓我們可以免受來自四面八方的非必要事物所干擾。

就羅莎而言，是她的是非分明給了她堅持信念的非凡勇氣。就史蒂芬而言，則是他與愛女共度夜晚的明確願景。清楚知道什麼是必要的，能在幾乎所有的情況下激發出我們對非必要事物說不的力量。

必要的尷尬

當下為何很難選擇必要事物的第二個原因，純粹是我們對社交上的尷尬有與生俱來的恐懼。事實上，身為人類的我們總是傾向和他人相處。畢竟，數千年前當我們住在狩獵採集者的

部落裡時，我們的生存有賴於它。而儘管符合群體對我們的期望（心理學家稱之為規範性從眾〔normative conformity〕）已不再攸關生死，這個欲望在我們身上卻依舊根深柢固。[7]這就是為什麼，無論是老友邀你共進晚餐、老闆要求你接下一個重要又備受矚目的專案，或是鄰居懇求你協助家長會的糕點義賣，只要想到說不，就會帶給我們不適。我們感到內疚。我們不想令人失望。我們擔心破壞關係。但這些情緒會使我們腦袋混沌。它們會分散我們對現實的注意力，我們要麼說不，然後為此懊悔個幾分鐘；要麼就是說好，然後懊悔個幾天、幾週、幾個月，甚至幾年。

跳出陷阱的唯一出路，是學會堅定、果決但優雅地說不。一旦我們這麼做，我們就會發現令人失望或生氣的恐懼不僅言過其實，人們其實還會**更**尊重我們。自從成了專準主義者，我便發現一個幾乎舉世皆然的真理，那就是：人們會尊重和景仰那些能堅持信念、勇於說不的人。

我心目中的現代管理思想之父彼得・杜拉克也是「優雅說不」這個技巧的大師級人物。當因為「心流」研究而廣為人知的匈牙利教授米哈里・奇克森特米海伊，為了寫一本關於創造力的書而打算訪問一連串的創意人才時，杜拉克的回應讓米哈里覺得很有意思，因此他逐字引述了回覆內容：「我對您二月十四日的親切來信深感榮幸又受寵若驚，因為多年來我一直很

欽佩您與您的作品，而且也從中學到許多。可是，我親愛的米哈里教授，我恐怕得讓您失望了。我不可能回答您的問題。有人說我很有創造力——我不知道這是什麼意思……我只是孜孜不倦地工作而已……如果我說生產力（我相信這個，但我不相信創造力）的祕密之一，就是有一個用來處理**所有**邀約（像您的這種）的**超大**字紙簍。但願您不會覺得我放肆或粗魯。在我的經驗中，生產力來自於**不做任何有助於他人工作的事**，而是把所有的時間花在上帝為我們量身打造的工作上，而且把它做好。」[8]

真正的專準主義者彼得・杜拉克認為，「人們有影響力，是因為他們說不。」

非專準主義者說好，則是因為感受到社交上的尷尬和壓力。他們之所以不假思索地自動說好，多半是因為想追求來自於取悅他人的快感。但專準主義者知道，那種快感會帶來令人懊悔的苦果。他們知道自己很快就會覺得被欺負，並對別人和自己忿忿不平。最後他們會意識到令人不快的事實，那就是現在必須犧牲某件更重要的事來遷就這個新的承諾。當然，重點不是對所有的要求說不。重點在於對不必要的事情說不，如此一來，我們才能對真正要緊的事情說好。除了至關重要的事情，我們必須經常而且優雅地，對一切說不。

非專準主義者	專準主義者
避免說不，以免感受到社交上的尷尬和壓力	敢於堅定、果決和優雅地說不
對每一件事情說好	只對真正要緊的事情說好

　　那我們該如何學會優雅地說不呢？以下是一般準則和一些優雅說「不」的具體腳本。

把決定和關係區分開來

　　當人們要求我們做某件事情時，我們會把這個要求和我們與他們的關係混為一談。有時兩者似乎密切相關，以致於我們忘了，拒絕這個要求並不等於拒絕這個人。唯有把決定和關係區分開來，我們才能做出頭腦清楚的決定，然後分別找出溝通這件事情的勇氣和慈悲。[9]

優雅說「不」，不代表得用「不」這個字

　　比起**說**不，專準主義者更常**選擇**「不」。有時說「不」最優雅的方式，可能只是坦率地說**不**。但無論是「你想到我，實在讓我受寵若驚，但我恐怕忙不過來」，或是「我很想答應你，可是我接太多工作了」，其實我們有各種方法可以明確又有禮地拒絕某人卻不用**不**這個字。你會在本章末找到更多能讓你優雅說「不」的範例。

專注於取捨

當我們對某人說好時，多想想自己正在放棄的事情，如此會比較容易說不。如果我們對機會成本（換句話說，就是我們正在放棄的事情的價值）缺乏清楚的認知，就會特別容易落入「告訴自己可以全部做完」的非必要陷阱之中。我們做不完的。優雅的「不」產生自一個清楚卻隱含了取捨的計算。

提醒自己，人人都在推銷

這不代表你必須懷疑世人。我不是故意暗示人們不該受到信任。我只是在說，每個人都藉由推銷某種東西（概念、觀點、見解），來換取你的時間。光是意識到自己被推銷了什麼，就能讓我們在決定是否買帳時更加小心謹慎。

接受事實吧！說「不」往往必須以聲望來換取尊重

當你說不時，關係通常會受到短期的影響。畢竟，當某人要求某事卻無法如願時，他／她的即刻反應很可能是煩惱、失望，甚至憤怒。這麼做的缺點顯而易見。然而，它的潛在優點卻不甚明顯，那就是：當一開始的煩惱、失望或憤怒逐漸消退時，尊重便開始發揮作用。當我們有效地加以推辭時，就是在向人們表示我們的時間非常寶貴。它能讓人區分出專業人士和業餘人士。

平面設計師保羅‧蘭德（Paul Rand）有膽向史帝夫‧賈伯斯說「不」，就是一個很好的例子。[10]當賈伯斯在替NeXT這間公司尋找商標時，他要求曾為IBM、優比速（UPS）、安隆（Enron）、西屋（Westinghouse）和美國廣播公司（ABC）設計商標的蘭德提出幾個選項。但蘭德並不想提出「幾個選項」。他只想設計一個選項。因此蘭德說：「不。我會替你解決問題。而且你會付我錢。你不是非用那個解決方案不可。如果你要幾個選項的話就去找別人。但我會用就我所知最棒的方法解決問題。你要用不用都可以。隨你高興。」蘭德毫不意外地解決了難題，並創造出賈伯斯想要的「珍貴」商標，但真正的教訓是，蘭德的「推辭」對賈伯斯所造成的影響。賈伯斯日後在談到蘭德時表示：「他是我合作過最專業的人之一：在這層意義上，他已經把客戶和像他這種專業人士之間的所有正式關係都想過一遍了。」蘭德說「不」時冒了風險。他為了獲得長期的尊重，賭上短期的聲望損失。而他成功了。

專準主義者接受自己無法時時刻刻討人喜歡的事實。是的，恭敬、有「理」又優雅地說不，會讓人付出短期的社交成本。但從長遠看來，實踐專準主義者之道的一部分，就在於了解，受到尊重遠比討人喜歡來得有價值。

明確的「不」可能比含糊或不置可否的「是」更優雅

任何在這種情況下當過受氣包的人都曉得，一句明確的

「我不想管這件事」，遠比不回應某人，或在明知道自己不行時，用一些像是「我會試著促成這件事」或「我也許可以」等不置可否的回答來吊人胃口要好得多。含糊其辭和表現優雅不同，而拖延最後的「不」只會讓處境變得更艱難，同時讓接收者更為憤怒。

說「不」百寶箱

記住，專準主義者並非偶爾說不而已。這是他們常備的招數之一。想要始終帶著優雅說不，備妥各種能派上用場的回應方式會很有幫助。以下是你可以擺進說「不」百寶箱的八種回覆。

1. 尷尬的暫停。不要被冷場的威脅所控制，要以它為傲，把它當成工具使用。當有要求上門時（顯然這只對當事人有效）就暫停片刻。在宣布你的正式決定前先數到三。如果你膽子更大一些，只要等其他人來填補空白就行了。

2. 溫和地說「不」（或「不，但是」）。我最近收到一封邀我喝咖啡的電子郵件。我回答：「我目前正在專心寫書 :) 不過一旦把書寫完，我很樂意聚一聚。請讓我知道我們能不能在夏天結束前碰個面。」

電子郵件也是開始練習說「不，但是」的好方法，因為它

能讓你有機會起草和改寫你的「不」，以便盡可能地優雅。此外，許多人發現，電子郵件的距離也能減少對尷尬的恐懼。

3.**「讓我查一下行事曆再回覆你。」**一位我認識的領導者發現她的時間整天都被別人所挾持。身為典型的非專準主義者，她聰明、能幹卻無法說不，因此很快就成了別人「請託」的對象。人們會跑去跟她說：「你能幫忙X專案嗎？」想當好人的她只好答應下來。但這些不同的待辦事項很快便令她感到不勝負荷。可是當她學到「讓我查一下行事曆再回覆你」這個新說法時，事情有了轉變。這使她有時間停下來思考，最後再回覆說，很抱歉實在抽不出空檔。這使她拿回了自己的決策控制權，而不是在被要求時倉促地說「好」。

4. **使用電子郵件的自動回覆功能。**當某人在旅行或離開辦公室時，收到自動回覆是完全自然又可以預期的事。這確實是社交上最能讓人接受的「不」了。人們不是在說他們不想回覆你的電子郵件，只是在說自己有段時間無法回覆。所以，何必把這個做法侷限在休假和節日上呢？我在寫這本書時，把自動回覆的電子郵件主旨設成了「閉關中」，內容是說：「親愛的朋友，我目前正在寫一本新書，它對我的時間造成了極大的負擔。不幸的是，我無法以我想要的方式回信。我對這一點表示歉意。——葛瑞格」你猜怎麼著？大家似乎很能適應我的暫時缺席和不予回應。

5. **說「好。那我該刪掉哪個優先事項呢？」**向職場上的資深領導者說「不」簡直難以想像，對許多人而言甚至荒唐可笑。然而，當說「好」會使你在能力上讓步，以致於無法在工作上做出最高程度的貢獻時，說「不」也是你的義務。在這種情況下，說「不」不僅合理，更是必要之舉。想做到這點有一個有效的方法，就是提醒你的上司，如果你說「好」可能會疏忽哪些事情，然後逼他們做出取捨。

例如：假使你的經理來找你並要求你做 X，你可以回覆他：「好，我很樂意將它列為優先事項。為了把注意力放在這個新專案上，我應該從其他專案裡刪掉哪一個呢？」或是簡單地說：「我想好好表現，但考量到我還做了其他承諾，萬一再接下這個，我恐怕就無法交出引以為傲的成果了。」

我認識一名從下屬那兒得到這種回應的主管。他一點都不想擾亂這名有生產力又井井有條的員工，因此他收回這個不必要的工作專案，交給了另一個比較欠缺條理的人。

6. **說的時候要幽默。**最近有一位朋友要我陪他參加馬拉松訓練。我的回答很簡單：「免談！」他笑了一下說：「哇！你說到做到耶。」這證明了專準主義者的名聲有多麼好用！

7. **說「歡迎你 X。我很樂於 Y。」**比方說，「歡迎你跟我借車。我很樂於確保你要的鑰匙在這兒。」這麼說，你的意思也等於「我沒辦法載你」。你**是**在說你不想做的事，可是你用

你願意做的事情來表達。想應付一個你有點想幫忙卻無法全力
支援的要求時，這個方法特別管用。

我尤其喜歡這個構想，因為它也向**另一個人**的選擇能力和
你自己的選擇能力表達了尊重。它能提醒雙方所擁有的選擇。

8.「我沒辦法，但X可能會有興趣。」我們很想認為自己
的協助獨一無二又極具價值，但提出要求的人通常不在乎伸出
援手的人是不是我們，只要有人幫他們就好。

安公司（Ann, Inc.，女裝零售商）的執行長凱‧柯瑞爾
（Kay Krill）過去一直很難對社交邀約說不。也因此，她最後
還是會參加她沒興趣的聯誼活動。她會發現自己出席了公司派
對，而且一到現場就後悔。

然後有一天，她的一位良師益友來拜訪並告訴她，她必須
學習擺脫生活中那些不太重要的人事物，如此一來，才能將百
分之百的精力投入在對自己有意義的事情上。那個建議令她如
釋重負。現在她有能力精挑細選了。透過練習，婉拒邀約變得
輕而易舉。凱解釋：「我可以十分輕易地說不，因為我知道什
麼才是對我重要的事。我只希望這輩子能早一點學會怎麼做這
件事。」[11]

說不的本身就是領導能力。它不僅是一個次要技巧而已。
和培養任何能力一樣，我們都是從有限的經驗開始。我們是說
「不」的新手。接著我們學到幾個基本技巧，犯下幾個錯誤。

我們從中學習並發展出更多技巧。我們持續練習，不久便有了可以自行運用的百寶箱，而最後我們終將精通某種類型的社交藝術。我們可以帶著優雅和尊嚴應付幾乎任何人的任何要求。

軒德管理顧問公司（Heidrick & Struggles）的前任執行長湯姆・弗利爾（Tom Friel）便曾告訴我：「我們必須學會慢慢地說『是』和迅速地說『不』。」

第十二天

取消承諾

停損贏更大

這一生，有半數的煩惱源自於答應得太快，
而非拒絕得不夠快。

——喬許・比林斯（Josh Billings），美國 19 世紀幽默作家

不管怎麼看，協和噴射機在航空工程方面都是一項驚人的成就。登上這架客機，只要短短 2 小時 52 分 59 秒，你就能從倫敦飛抵紐約。[1]這比傳統飛機少了一半以上的時間，並使協和成為全世界最快的客機。

不幸的是，它也是一次極不尋常的財務失敗。當然，許多偉大的構想、創新和產品皆是如此。但令它與眾不同的是，它已經持續虧損了**超過四十年**。然而每次超出預算，英、法政府便會挹注更多資金。即使知道持續投資的回收機會相當渺茫（更遑論原始經費），他們還是照做不誤；在機位有限、訂

單稀少、製造成本又高昂的情況下，就算誇大估算的數字，這個案子也永遠無法獲利。事實上，當英國內閣按封存三十年的規定解密文件之後，揭露了當時的內閣大臣確實知道這項投資「在一般經濟理由上站不住腳」。[2]

　　為什麼聰明能幹的英、法政府官員會在明顯虧本的生意上持續投資那麼久？其中一個原因正是名為「沉沒成本偏誤」的常見心理現象。

　　沉沒成本偏誤是對已知虧本的生意持續投入時間、金錢或精力的傾向，只因為我們已經支付或投下了無法回收的成本。當然，這很容易變成一種惡性循環，那就是：我們投資得愈多，我們愈會決心貫徹到底並看到自己的投資獲利。我們對某件事情投資得愈多，就愈難對它放手。

　　開發和打造協和客機的沉沒成本大約是10億美元。但英、法政府挹注的資金愈多，他們就愈難脫身。[3]個人對沉沒成本偏誤同樣無法招架。它解釋了我們為什麼會一直坐著把爛片看完，因為我們已經付了票錢。它解釋了我們為什麼會一直把錢丟進似乎永無完工之日的室內裝修。它解釋了我們為什麼會一直等候永遠不會出現的公車或地鐵，而不是招一輛計程車。它也解釋了我們為什麼會在有毒的人際關係上投入大量時間，即使我們的努力只會讓事情變得更糟。像這樣的例子比比皆是。想想這位名叫亨利·葛利邦（Henry Gribbohm）的男子吧。他花光了2,600美元的畢生積蓄，試圖在嘉年華會的遊戲

裡贏回一臺Xbox Kinect。他錢花得愈多，他想得獎的決心就愈堅定。亨利說：「你就是整個陷進了『我得把錢贏回來』的狀態裡，但事情並沒有如願發生。」[4]他愈是試圖為了贏得這個不必要的獎項而加碼，他就愈難拍拍屁股走人。

你是否曾將時間或努力持續投資在不必要的專案上，而不是停損？你是否曾將資金持續挹注在不賺錢的投資上，而不是一走了之？你是否曾在死胡同裡埋頭苦幹，只因為你不想承認「我一開始就不該往這個方向努力」？你是否曾卡在「花大錢填無底洞」的循環裡？非專準主義者無法掙脫這類陷阱，但專準主義者卻有承認錯誤與取消承諾的勇氣和信心，無論沉沒成本有多高。

非專準主義者	專準主義者
會問：「我們已經在這個專案上投入了這麼多，為什麼現在要停呢？」	會問：「如果我不是已經在這個專案上投入了這麼多，我現在會投入多少？」
認為：「只要繼續嘗試，我就能讓它成功。」	認為：「如果我現在中止這個專案，這些時間和金錢還能用來做什麼？」
討厭承認錯誤	不介意停損

儘管沉沒成本偏誤早已見怪不怪，但它不是非專準主義者唯一必須提防的陷阱。以下是一些常見的其他陷阱，以及如何有禮、優雅，並以最低成本讓自己脫身的小訣竅。

避開承諾的陷阱

小心稟賦效應

所有權意識是一種強而有力的東西。俗話說，沒人會洗租來的車！這是基於所謂的「稟賦效應」（Endowment Effect）。意思是我們往往會貶低不屬於自己的東西，也會因為已經擁有某些東西而高估它們的價值。

一項研究證實了稟賦效應的力量。榮獲諾貝爾獎的研究者丹尼爾・康納曼（Daniel Kahneman）與他的同事，隨機地將咖啡杯交給實驗中的半數受試者。[5]第一組被問到願意用多少錢賣掉自己的杯子，第二組則被問到願意為它付出多少錢。結果，「擁有」杯子的學生拒絕以低於5.25美元的價格出售，而那些沒有杯子的人只願意付2.25到2.75美元購買。換句話說，光是擁有的事實，就能使杯子的主人替這個物件估出較高的價格，並使他們比較不願意割愛。

在你自己的生活中，我相信你一定可以想到幾樣在你想送走它們的那一刻似乎更有價值的物品。想想架上那本你好幾年沒讀過的書、仍收在箱子裡的廚房電器，或是那件你從阿姨那兒接收來卻從沒穿過的毛衣。無論你是否用得上或是否從中得到任何樂趣，潛意識裡，它們屬於你的這個事實會使你高估它們的價值，而且估價遠高過它們不屬於你的時候。

不幸的是，我們在談到不必要的活動時也有和個人財產一樣的偏誤。當我們身為團隊領導者時，工作上毫無進展的專案似乎變得更加重要。當我們身為募捐者召集人時，在本地烘焙義賣會上擔任志工的承諾變得更難擺脫。當我們覺得自己「擁有」一個活動時，不做承諾就會變得更加困難。儘管如此，還是有一些好用的妙招，提供如下：

假裝你還沒擁有它

湯姆．史代福（Tom Stafford）描述了一種克服稟賦效應的簡單手段。[6]不要問：「我估計這樣東西值多少錢？」我們應該問：「如果我沒有這樣東西，我願意付多少錢買它？」我們可以對各種機會和承諾如法炮製。不要問：「如果錯過了這個機會，我會有什麼感覺？」而是要問：「如果我沒有這個機會，我願意為了得到它而做出多大的犧牲？」同樣地，我們也可以問：「如果不是已經參與了這個專案，為了讓它有所進展，我願意付出多少努力？」[7]

克服對浪費的恐懼

在俄亥俄州立大學研究決策判斷的心理學教授霍爾．亞克斯（Hal Arkes）對一個謎團感到費解。為什麼成人比幼童更無法招架沉沒成本偏誤呢？答案是，他認為我們從小到大都被迫接受「不要浪費」的規則，因此成年後，我們被訓練成會避免

看起來很浪費，甚至對自己也是如此。[8]「放棄一個你已經投入多時的專案，感覺就像浪費了一切，而我們被教導要避免浪費。」亞克斯說。[9]

為了證明這一點，他給一組參加者以下情境：「假設你已經為週末的密西根滑雪之旅買下一張 100 美元的門票。幾星期後，你又買下一張 50 美元門票的威斯康辛滑雪之旅。兩者相較之下，你其實更喜歡威斯康辛的滑雪之旅。當你把剛買好的威斯康辛滑雪門票放進皮夾時，你注意到兩個地方的滑雪之旅是在同一個週末。但要轉售或退回其中一張門票已經來不及了。你必須選擇要用哪一張。」在被問到「你會去哪一個滑雪之旅？」時，超過半數的人表示會選比較貴的行程，即使他們可能沒那麼喜歡。他們（錯誤）的理由是，用便宜的票會比用貴的票浪費更多錢。不想對我們浪費在錯誤選擇上的東西放手是很自然的，但不放手的話，我們注定會讓自己繼續浪費更多。

承認失敗才能迎向成功

我記得一個朋友，他從來不肯停車問路，因為他死不承認自己迷路。所以我們會浪費時間和精力開著車子團團轉，卻哪兒也去不了——這正是一個非必要活動的縮影。

唯有承認自己在承諾某件事情時犯了錯，我們才能讓錯誤成為過去的一部分。另一方面，當我們繼續否認時，便會一直

漫無目的地兜圈子。認錯並不丟臉；畢竟，我們確實只能承認
現在的自己比以往更明智。

停止委曲求全

在電影《窈窕淑男》（*Tootsie*）中，達斯汀・霍夫曼
（Dustin Hoffman）飾演一名求職中的失業演員。電影滑稽地以
一連串失敗的試鏡開場。某一場有人告訴他：「我們需要老一
點的。」下一場有人告訴他：「我們在找年輕一點的。」再下
一場是：「你的身高不對。」他回應說：「我可以更高。」但
主事者回答他：「不，我們要找矮一點的。」霍夫曼的角色急
於爭取這份工作，他解釋：「你看。我不需要這麼高。看到
沒？我穿的是矮子樂。我還可以更矮。」但主事者同樣堅持：
「我知道，但我們在找不一樣的人。」一心想演戲的他仍堅持
不懈地再次回應：「我可以不一樣。」重點在於，我們經常像
達斯汀・霍夫曼的角色一樣勉為其難地想成為別人。無論在我
們的個人或職業生活中，強求某種不合適的組合確實相當誘
人。那麼解決方案是？

取得毫無利害關係者的第二意見

當我們想強求某件不適合的事而感到心煩意亂時，徵詢他
人的意見往往能使我們從中獲益。一個在情感上與形勢無涉、
又不受我們決定所影響的人，能讓我們停止強求顯然無解的事。

　　我曾經浪費數個月的心力，試圖強求一個無解的案子。回想起來，我投入得愈多，事情就變得愈糟。但我的非理性反應是投入更多。我心想：「我可以搞定這個案子！」我不想承認自己一直在浪費心力。最後我把自己的挫敗告訴一個朋友，他的好處是在這個專案上立場超然——既沒有被沉沒成本所困擾；又能以某種觀點來評價我的決定。聽我講完之後，他說，「你又沒把它娶回家。」他的隻字片語令我如釋重負，也使我停止繼續投入在不必要的專案上。

小心現狀偏誤

　　持續做某件事情，只因為我們始終這麼做，有時被稱為「現狀偏誤」（status quo bias）。我曾經在一家採用員工評量系統的公司工作，那套系統在我看來可悲地過時，所以我開始好奇它究竟用了多久。當我在公司裡尋找它的創造者時，我發現就連在公司待了很久的人力資源主管也不清楚它的來歷。更令人震驚的是，她在這家公司的十年當中，沒有人質疑過這套系統。我們很容易盲目接受又懶得去質疑某項義務，只因為它們已經行之有年。

　　消除現狀偏誤的方法是我從會計領域借來的：

採用零基預算

　　會計在分配預算時，通常會將去年度的預算當成來年的預

測基準。但採零基預算（zero-based budgeting）的話，他們會以零為基準。換句話說，預算中編列的每一個項目都必須從頭證明其合理性。儘管比較費事，此法卻有許多優點：它能有效率地以需求為基準來分配資源，而不是基於歷史；它能查出浮濫的預算申請；它能讓人注意到過時的運作方式，而且它還鼓勵人們更清楚地了解自己的目標，以及他們的花費要如何與專案保持一致。

你也可以對自己的努力採零基預算。在試圖安排你的時間時，不要以既有的承諾為基準，而是假設所有的約定都不算數。先前的承諾一概不存在。接著從頭開始，問自己今天會加上哪一項。你可以將之運用在每一件事情上，從你背負的債務到你承接的專案，甚至是你身處其中的關係。每次運用時間、精力或資源時，都必須重新證明它的合理性。如果它不再適合你，那就全數排除。

停止做隨興的承諾

有些人因為在某處給了某人漫不經心的意見或與人有過隨興的談話，而無意間做出了讓日子忙碌不堪的口頭承諾。你知道我指的是哪種人——你跟鄰居聊到她在家長會的工作，與同事聊到一個她主導的新提案，或是和朋友聊到一間他很想試試的新餐廳，而在你意識到之前，「砰！」你已經做出了承諾。

從現在起，話到嘴邊先暫停

聽起來或許了無新意，但在開口前先停個5秒鐘，能大大減少做出讓你後悔的承諾的可能性。在你脫口說出「聽起來很棒，我很樂意」這句話前，請問問自己：「這是必要的嗎？」如果你已經做出了讓自己後悔的隨興承諾，請找一個脫困的好方法。不妨道個歉並告訴對方，你在做承諾時並沒有完全意識到自己必須承擔的事。

克服對錯過的恐懼

我們在本章看到的大量證據顯示，多數人會自然而然地趨吉避凶。因此，讓我們無法不受現行方向拘束的障礙之一，就是害怕錯過某件重要的事。

想戰勝恐懼，不妨進行小規模反向試驗

「原型」（prototyping）是近幾年企業界逐漸流行的概念之一。建立一個原型或大尺度的模型，能讓企業試著運作某個想法或產品，卻不必提前做出巨額投資。而透過LinkedIn董事丹尼爾・夏畢洛（Daniel Shapiro）所謂的「小規模反向試驗」，我們也能以相對低風險的方式，將同樣的概念運用在排除不必要的事物上。[10]

在小規模反向試驗中，你可以測試**移除**一個提案或活動是

否會有任何負面影響。比方說，一名和我共事的主管在接下公司的高階職位時，承襲了一個前任主管很努力執行的過程，亦即：每週針對無數個主題，為其他主管製作一份工程浩大、圖表眾多的報告。這使他的團隊耗費了大量精力，但他推測，這麼做並無法為公司增加太多價值。因此，為了測試他的假設，他進行了一個小規模反向試驗。他單純地停止發表報告，等著看看會有什麼反應。他發現似乎沒有人想念它；幾個星期後甚至沒有人再提起那份報告。也因此，他推論那份報告對公司的業務並不重要，大可就此淘汰。

類似的小規模反向試驗也能在我們的社交生活中實行。有沒有什麼承諾是你經常答應顧客、同事、朋友甚至家人，又一直假定對他們大有影響，但其實他們可能根本就沒注意到的呢？默默地排除一個活動或至少把它縮減個幾天或幾週，你或許就能評估出它是否**真的**造成影響或其實沒人在乎了。

即使運用這些技巧，「取消承諾」確實可能比一開始就不給承諾更難。對已經承諾過的某件事或某個人說不，會使我們感到內疚。但讓我們面對現實吧！沒有人喜歡食言。可是想成為專準主義者，學習如何（以因為你的勇氣、專注和紀律而贏得尊重的方式）做這件事，可以說是至關重要。

第十三天
剪輯

隱形的藝術

我在大理石中看見天使，於是我不停雕刻，直到使祂自由。

——米開朗基羅（Michelangelo）

每一年奧斯卡頒獎典禮上最引人注目的獎項當屬「最佳影片」。轉播前媒體會進行長達數週的預測，而多數觀眾為了觀看頒獎過程，即使過了就寢時間也會熬夜守候。當晚還有一個媒體宣傳量遠遠不及的獎項，是頒給電影剪接的。讓我們面對現實吧！在宣布「最佳電影剪接」獎的得主時，多數觀眾會轉臺，或是去廚房把爆米花碗重新裝滿。但多數人有所不知的是，這兩個獎項高度相關：自1981年起，每一部贏得最佳影片的電影都至少同時被提名了電影剪接獎。事實上，大約有三分之二的案例顯示，被提名電影剪接獎的電影稍後都得到了最佳影片獎。[1]

在奧斯卡史上，最受人景仰（即使算不上知名）的電影剪接師是被提名八次——多過業界所有人——獲獎三次的麥可・康恩（Michael Kahn）。儘管他的名字並非家喻戶曉，他剪接的電影卻肯定眾所周知。他是《搶救雷恩大兵》（*Saving Private Ryan*）、《法櫃奇兵》（*Raiders of the Lost Ark*）、《辛德勒的名單》（*Schindler's List*）和《林肯》（*Lincoln*）等著名電影的剪接師。事實上，過去三十七年來，康恩幾乎剪接了所有史蒂芬・史匹柏（Steven Spielberg）的電影，並在這個過程中成了他的得力助手。但只有少數人知道康恩的名字。電影剪接有時被認為是「隱形的藝術」確實事出有因。

很顯然，剪接——涉及嚴格地排除瑣碎、不重要或不相關的內容——是一門專準主義者的技藝。那成為優秀剪接師的條件是什麼呢？當美國影藝學院剪接分部坐下來挑選最佳電影剪接的提名人選時，一如馬克・哈里斯（Mark Harris）所描述，他們「很難不去看他們原本該看的東西」。[2]換句話說，優秀的電影剪接師很難**不**去看什麼才是重要的，因為除了絕對必備的元素，他們會排除其餘的一切。

在第六章裡，我們將精挑比擬成當一名記者；它涉及提問、傾聽並串起零散的資訊，目的是為了將多數瑣事和少數要事區分開來。因此，專準主義者下一個階段的步驟是排除不必要的事物，確實合情合理；它意味著在你的生活和領導中擔任編輯的角色。

　　傑克・多爾西（Jack Dorsey）最為人所知的身分是Twitter的創始者和行動支付公司Square的創辦人暨執行長。他在管理方面運用的專準主義做法相對罕見。我最近出席了一場請到他發表演說的晚宴，他說他認為執行長的角色就像公司的總編輯。在另一場史丹佛大學的活動中他進一步解釋：「就編輯而言，我的意思是，我們可以做的事情有上千件，但重要的只有一、兩件。而這所有的想法……和來自工程師、支援團隊、設計師的意見，會不斷淹沒那些我們該做的事……身為編輯，我持續聽取這些意見，並決定哪一個或哪幾個的交集對我們正在做的事情具有意義。」[3]

　　編輯不只是對事情說不的人。這連三歲小孩都會。編輯也不是單純地排除就好；事實上，編輯在某種程度上也會**添加**。我的意思是，優秀的編輯會運用**審慎的減法**，讓構想、設定、情節和人物更加鮮活。

　　同樣地，在生活中，有紀律的剪輯也能幫你的貢獻程度加分。它能增強你專注在真正要緊的事情上、並為此付出心力的能力。它能為最有意義的關係和活動增添更多發展空間。

　　透過移除所有令人分心、不需要或難以應付的東西，剪輯能讓專準主義者毫不費力地執行任務。或者，誠如一位編輯所言：「我的工作是盡可能讓讀者的生活毫不費力。目標則是盡可能幫助讀者對最重要的訊息或關鍵想法有最清楚的了解。」

　　當然，剪輯也涉及做出取捨。剪接師不會試圖囊括所有人物、情節轉折，以及細節，而是會問：「這個人物、情節轉折或細節能讓它更好嗎？」無論是電影、書籍或新聞報導的作者，都很容易過分忠於某個構想或工作成果，特別是你辛辛苦苦生出來的作品。要刪除當初花了幾週、幾個月，甚至幾年所寫出來的幾個段落、幾頁，甚至幾章，是相當痛苦的。但這種有紀律的排除對這個行業非常重要。一如史蒂芬‧金（Stephen King）所言，你必須「殺了你的摯愛，殺了你的摯愛，即使這會讓你那自我中心的小小作家心碎，也要殺了你的摯愛」。[4]

非專準主義者	專準主義者
認為改善的意思就是加點什麼	認為改善的意思就是少些什麼
喜歡每一個字句、圖像或細節	排除令人分心的字句、圖像和細節

　　當然，剪接一部電影、編輯一本書或任何創意作品，和剪輯你的人生並不相同。在生活中，我們沒有餘裕重新審視剛剛進行過的談話、剛剛主持過的會議，或剛剛做過的提案，然後拿紅筆去修訂。不過，剪輯固有的四個簡單原則，在剪輯生活中的非必要事物方面仍舊適用。

剪輯生活

刪減選項

顯而易見的是，剪輯涉及刪除那些會混淆讀者、會模糊訊息或故事的東西。有案可稽的事實是，經過精心剪接或編輯的電影和書籍賞心悅目、清晰易懂。

在做決策時，決定刪減選項可能有些嚇人。但真相是，這正是決策的精髓所在。[5]事實上：

決定（decision）這個字的拉丁字根——cis 或 cid——字面上的意思就是「切」或「殺」。

　　你可以在像是「剪刀」（scissors）、「凶殺」（homicide）
或「自相殘殺」（fratricide）等單字裡看到這些字根。因為說到
底，選項較少確實能讓決策更「賞心悅目、清晰易懂」。我們
必須喚起紀律，以便擺脫那些可能還不錯，甚至真的很好，卻
會成為障礙的選項或活動。是的，選擇排除某件還不錯的事情
令人痛苦。但最後，每一次刪減都會產生喜悅──也許不在當
下，而是過些時日，當我們意識到自己額外獲得的每一刻都能
更妥善運用時。或許這正是史蒂芬‧金寫下「寫作是人，編輯
如神」（To write is human, to edit is divine.）的原因之一。[6]

濃縮

　　許多人都曾提出這個貼切的觀點：「很抱歉：如果時間多
一點，這封信我會寫得短一點。」在藝術領域和生活當中，少
做一點確實可能比較困難。每一個字、每一個場景、每一個
活動都必須更有價值。編輯為了讓每個字都有價值必須毫不
留情。你在說明時能不能不用兩句話，只用一句就好？在目前
用了兩個字的地方，有沒有可能只用一個？正如艾倫‧威廉斯
（Alan D. Williams）在〈何謂編輯？〉（What Is an Editor?）這
篇文章中所說的，「編輯應該向作者提出兩個基本問題：你說
的是你想說的嗎？以及，你是否盡可能說得清楚又簡潔？」[7]
濃縮的意思就是，說得愈清楚愈簡潔則愈好。

　　同樣地，濃縮能讓我們在生活中用較少的資源做更多的

事。舉例而言,當葛拉罕·希爾(Graham Hill)搬進420平方英尺的紐約公寓時,便想看看能把自己擁有的一切濃縮到什麼程度,而最終成果便是他稱做「小小珠寶盒」的設計。珠寶盒產生了預期的效果,因為每一件家具都具有多重功能。比方說,有一個牆面是用來看電影的投影大銀幕,裡頭藏了兩張訪客留宿時可以拉出來的客床。把另一面牆面越過沙發往下拉,會出現一張雙人床。每樣東西都有兩、三種功能;換句話說,每樣東西都對公寓生活貢獻良多。他將這個創新的設計變成了一門生意,致力推廣讓小空間發揮更多功能的藝術。他恰如其分地將之命名為LifeEdited.com(剪輯生活)。

然而,濃縮並非一次做更多事情,而是少浪費一點。它意味著降低字數與想法、面積與實用性,或努力與結果的比例。因此,想在生活中應用濃縮原則,我們就必須改變活動與意義的比例。我們必須排除許多無意義的活動,並以一個非常有意義的活動取而代之。例如:一名我曾在某間公司共事過的員工(他的地位夠穩固,不必擔心被解雇)就老是跳過其他人都會參加的週會,然後只是問問別人他錯過了什麼。他用這種方法,把2小時的會議濃縮成10分鐘,並將省下來的其餘時間花在完成重要的工作上。

修正

編輯的工作不只是刪減和濃縮而已,還包括修正。修正可

以像訂正文法一樣輕微，也可以像修正論點中的瑕疵一樣棘手。想把這件事情做好，編輯必須很清楚他／她正在編輯的作品的首要目的。一如麥可・康恩所解釋的，他不會總是按史匹柏的吩咐去做；相反地，他會做他認為史匹柏真正想要的東西。了解首要意圖，能讓他做出連史匹柏本人都可能無法以言語表達的修正。

在專業或私人生活中，我們同樣能透過重返核心目標來修正路線。就像第十章討論過的，擁有清晰的首要意圖，使我們有能力檢查自己——經常拿我們的活動或行為與我們真正的意圖做比較。假使它們不正確，我們便能加以編輯。

剪輯得更少

這似乎有些違反直覺。但最優秀的剪接師不認為有必要改變一切。他們知道，有時有紀律地讓某些東西保留原貌，正是剪接判斷上的最佳利用。這只是身為剪接師的另一門無形技藝而已。最棒的外科醫生絕不是劃出最多切口的那一位；同樣地，最優秀的剪接師有時很可能是最不干涉、最克制的那一位。

想成為生活的剪接師，也包括明白何時必須表現克制。而做到這點的方法之一，就是剪輯我們企圖干預的傾向。比方說，當我們被加進一個電子郵件討論串時，我們可以抗拒自己想搶先回覆所有人的慣常誘惑。參加會議時，我們可以抗拒補

充個人淺見的衝動。我們可以等待。我們可以觀察。我們可以
看清楚事情如何發展。少做一點不僅是一種強效的專準主義者
策略，它也是一種強而有力的剪接策略。

　　非專準主義者將剪輯視為不相干的任務，只有在事情變得
難以招架時才會進行。可是等太久才進行剪輯，我們將被迫做
出不總是合乎己意的重大刪減。持續剪輯我們的時間和活動，
能讓我們在一路上做出更多微小卻審慎的調整。成為一名專準
主義者，意味著使刪減、濃縮和修正成為日常生活中很自然的
一部分——使剪輯成為我們生活中的自然節奏。

第十四天

界限

有界限，才有自由

不，就是完整的句子。

——安・拉莫特（Anne Lamott），《關於寫作：一隻鳥接著一隻鳥》作者

真瑛是韓國一家科技公司的員工，[1]她發現自己在籌備婚禮的同時，也必須準備在大喜之日三週前舉行的董事會議。當真瑛的經理孝利，要求她寫出腳本，以及所有他們要在董事會議上一起報告的簡報時，真瑛連續幾天上班15小時，迅速地完成工作，如此一來，她才能在董事會議前的那幾天專心規劃自己的婚禮。經理對工作能提前完成感到訝異和欣喜，而真瑛現在也可以連續五天自由地埋首於婚禮的規劃。

接著，真瑛從經理那兒接到一個緊急請求，要她在董事會議前完成一個額外的計畫。

在他們過去幾年的合作中，真瑛從不曾對孝利說「不」，

即使說「好」會使她的生活陷入短暫的混亂（這是常有的事）。到目前為止，真瑛已經付出了無數個小時，以執行每一個要求和任務，並交出俐落、完整的全套計畫，無論犧牲多大。然而，這一次她毫不猶豫就對經理說「不」。她選擇不道歉或為自己的回答過度辯解。她只表明：「這段時間我已經有計畫了，這是我努力爭取來的，我值得擁有它，完全不覺得愧疚！」

接著，令人震驚的事情發生了。團隊裡的其他人也對孝利說「不」，於是這位經理只好自己留下來加班。起初孝利怒不可遏。她花了一整個星期才完成工作，而且她很不高興。但為這個任務辛苦了幾天之後，她看見自己一直以來在做事方法上的種種缺陷。她很快便意識到，如果她想成為更有能力的經理人，就必須拉好韁繩，讓每一個團隊成員都清楚期待、責任歸屬和成果。最後，她很感激真瑛幫助她理解自己在做事方法上的錯誤。透過建立界限，真瑛不僅使她的經理看清了不健康的團隊動力，並開啟變革的空間。她的做法也為她贏得了永久的感激和尊重。

界限的消失是我們非專準主義者時代的特徵。首先當然是因為科技已經完全模糊了工作與家庭之間的界限。這年頭，在人們期待我們可以隨時上工方面似乎毫無界限可言。（我最近請了一名行政助理，她替我安排的客戶會議時間包括週六上午，即使那場會議沒有特別的急迫性，但她不認為排在週六

有什麼不尋常的地方。週六已經變成新的週五了嗎？我很想知道。）但多數人並沒有意識到，這個問題不僅是界限已經**模糊**了，而是工作界限已經在不知不覺中慢慢進入了家庭領域。很難想像，大多數的公司主管會放心讓員工在週一早上帶孩子去上班，但他們似乎並不認為期待自家員工在週六或週日進辦公室處理案子有什麼問題。

哈佛商學院教授暨《創新者的處方》（*The Innovator's Prescription*）一書的作者克雷頓‧克里斯汀生（Clayton Christensen）就曾被要求做出這種犧牲。當時他在一間管理顧問公司工作，其中一名夥伴過來找他，要他週六務必進公司幫忙處理一個案子。克雷很簡單地回答：「哦，很抱歉。我答應每個週六都要陪老婆、孩子。」

那位夥伴很不高興，他怒氣沖沖地離開，但沒多久就回來表示：「行，克雷，我跟組裡的每個人都說過了，他們說那就週日進來。所以我希望你會在。」克雷嘆了口氣然後說：「我很感謝你試著這麼做。但週日不行。我把週日留給上帝，所以沒辦法進來。」如果那位夥伴先前很挫敗的話，他現在更是垂頭喪氣。

儘管如此，克雷頓並沒有因為堅守立場而丟掉工作。雖然他的選擇在當時不算普遍，最後他卻因此獲得了尊重。設定界限帶來了好的結果。

克雷頓回憶：「它讓我學到一個重要的教訓。如果我有一

次例外，我就可能有很多次例外。」[2] 界限有點像是沙堡的城牆。我們讓一面牆倒下的瞬間，其他牆面也會跟著崩塌。

我不否認設定界限可能很難。只因為它對真瑛和克雷頓行得通，不代表它總是行得通。真瑛有可能失去工作機會。克雷頓不願意在週末加班也有可能限制他的事業發展。界限確實可能付出昂貴的代價。

然而，不推辭的成本更高，它會使我們在選擇生命中最重要的事情上變得無能為力。對真瑛和克雷頓而言，在職場上受到尊重，以及將時間留給上帝和家人，是最重要的，因此他們會刻意並策略性地選擇將這些事情列為優先事項。畢竟，如果你不設定界限，就不會有任何界限。或者更糟，會有界限，但它們將漠然接受原先的設定（或是由另一個人設定），而非出於刻意的選擇。

非專準主義者往往認為界限是約束或限制，會妨礙他們超有生產力的生活。對非專準主義者而言，設定界限是軟弱的證據。如果他們夠強大，他們會認為自己不需要界限。他們可以應付一切。他們可以全部都做。但若少了界限，他們終將變得分身乏術，以致於幾乎不可能完成任何事情。

另一方面，專準主義者則將界限視為自主權的提升。他們認清，界限能讓自己的時間不受挾持，而且通常能讓自己從對非必要事物——只會促成他人的目標，卻無助於促成自身目標的事——說不的負擔中解脫。他們知道，清楚的界限能讓他們

事先排除來自於他人的要求和拖累，以免從真正要緊的事情上分散了注意力。

非專準主義者	專準主義者
認為如果有界限就會受到限制	知道如果有界限就不再有限制
視界限為約束	視界限為解放
為了直接說「不」而絞盡腦汁	事先建立規則，排除直接說「不」的需要

他們的問題不是你的問題

當然，設定界限的挑戰不只存在於職場。在我們的個人生活中，也有一些人在索求我們的時間時，似乎不知界限為何物。你有多常覺得自己的週末被別人的待辦事項所挾持？在你的個人生活中，有沒有人似乎意識不到自己正跨過界限？

我們的生活中往往有某個人比其他人更需要我們的關注。這些人會把他們的問題變成我們的問題。他們會使我們從自己的目標上分散了注意力。他們只在乎自己的待辦事項。假使我們任由他們這麼做，他們會為了對**他們**至關重要的活動——而非那些對我們至關重要的活動——而吸乾我們的時間和精力，並阻礙我們做出最高程度的貢獻。

那我們該如何效法真瑛和克雷頓‧克里斯汀生，並設定出能保護我們免受他人待辦事項影響的各種界限呢？以下是一些

可供參考的準則。

別搶他人的問題

我不是說我們永遠不該幫助別人。我們當然應該去服務、去愛，並使他人的生活有所不同。可是當別人把他們的問題變成我們的問題時，我們就不是在幫他們忙了；我們是在助長他們的行為。一旦我們替他們扛下問題，我們所做的一切不過是在奪走他們解決問題的能力而已。

亨利・克勞德（Henry Cloud）在他的著作《過猶不及：如何建立你的心理界限》（*Boundaries*）中就提到了類似的情形。有一次，一名二十五歲男子的父母去見他，希望他能把他們的兒子「修好」。他問他們為什麼兒子沒有同行。他們回答：「嗯，他不認為他有問題。」聽完他們的故事後，亨利得出了令他們驚訝的結論：「我認為你們的兒子是對的。他沒有問題，有問題的是你們。你們付錢、你們不滿、你們憂慮，你們規劃一切，你們竭盡心力去維持他的生活所需。他沒問題是因為你們替他擔下來了。」[3]

克勞德接著向他們提出一個比喻。想像有個鄰居從來不替他家的草坪澆水。可是每當你打開你家的自動澆水系統，水就全灑在他家的草坪上。你家的草坪因此發黃枯萎，但鄰居低頭看著他家綠油油的草坪心想：「我的院子還不賴嘛！」於是人人都是輸家：你們的努力只是徒勞，鄰居則從未養成替自

家草坪澆水的習慣。解決方案呢？一如克勞德所言，「你得搭個籬笆，別讓他家的問題進到你家的院子裡，那些是他家的問題。」

在職場上，人們總是想用我們家的澆水器去澆灌他們家的草坪。可能的形式包括：老闆把你加進一個她偏愛的專案委員會；一位同事請你對某個她自己沒空做到完美的報告、簡報或提案給些意見；或是一位同事在你正要參加一場重要會議、打一通重要電話，或是回辦公桌處理重要事項時在走廊上叫住你，然後沒完沒了地講了一堆。

無論誰為了自己的目的試圖吸走你的時間和精力，唯一的解決方法就是搭籬笆。而且不要在別人提出要求的那一刻才搭籬笆，你必須事先就把籬笆搭好，清楚地劃出禁區。如此一來，你才能在關口攔下浪費時間和踩你紅線的人。請記住，逼這些人解決他們自己的問題，對你和他們同樣有利。

界限是解放之源

一所位在繁忙道路旁的學校，以它的故事優雅地證明了這則真理。一開始，孩子們只能在操場上一小塊靠近建築物的地方玩耍，大人可以就近盯著他們。但後來有人沿著操場搭了一圈籬笆，現在孩子們可以在操場上的任何地方玩耍了。事實上，他們的自由多出了一倍以上。[4]

同樣地，如果我們不在生活中設定明確的界限，我們最後

很可能會被別人替我們設下的限制所束縛。另一方面，當我們有了明確的界限時，我們便能在**我們**刻意選擇探索的整個區域（或所有選項）中，自由自在地精挑細選。

找出你的絆腳石

當我要求主管們指出自己的界限時，他們很少能做到。他們知道自己有一些界限，卻無法以言語表達。現實就是，如果你無法向自己和他人明確地表達界限，那麼期待他人尊重自己甚至理解自己，很可能是不切實際的。

想想那個經常把你拉離最重要路徑的人。把你的絆腳石列成一張清單——這些人提出來的要求或活動，你只要拒絕說好就行了，除非它們基於某種原因，剛好和你自己的優先事項或待辦事項重疊。

另一種**找出**絆腳石的快速測試是，只要你覺得被某人的要求侵犯或欺騙時就立即寫下來。它不見得會以某種極端的方式讓你注意到。即使只讓你感到一絲惱怒——無論它是討人厭的邀約、不請自來的「機遇」，或是有人請你幫個小忙——都是發現自己隱含的界限的一條線索。

制定周密的社會契約

我和一位在執行專案時作風完全相反的同事搭檔過。有人預言我們之間會有火藥味，但我們的工作關係其實相當和諧。

為什麼？因為第一次開會時，我特別說明了我的優先事項，以及在專案存續期間，我願意或不願意承擔的額外工作是什麼。「讓我們先講好我們要達成的目標，」我起了頭，「這裡有幾件事情對我而言相當重要……」接著我要求他做同樣的事。

於是我們擬出了一份「社會契約」，跟真瑛和她老闆在開頭那個故事裡的結果並無不同。只要事先對我們真正想達成的目標和雙方的界限有所了解，我們就不至於浪費彼此的時間，用惱人的要求給彼此強加負擔，並讓彼此從真正重要的事情上分散了注意力。而結果是，我們都能對這個專案做出最高程度的貢獻——而且我們全程都相處得非常好，儘管我們有所差異。

透過練習，堅守你的界限將會變得愈來愈容易。

準確執行

我們要如何輕鬆自如地
進行少數要事？

準確執行

如何使執行毫不費力

關於執行的思考方式有兩種。

當非專準主義者傾向於勉強執行時，專準主義者則透過排除不必要的事情，將他們省下來的時間投資在設計一個能讓執行輕鬆自如的系統上。

在第一章裡，我們談到自己的生活有多像一個塞爆的衣櫃，以及專準主義者會如何進行整理收納。我們談到，如果你希望衣櫃保持整潔，你會需要一套整理收納的慣例。你需要一個大袋子來裝你必須扔掉的東西，只留下一小堆你想保留的物品。你必須知道丟棄的地點和當地舊貨店的營業時間。你必須安排時間去那些地方走一趟。

換句話説，一旦你弄清楚在生活中要保留的是哪些活動和努力，你就需要一套執行它們的系統。你不能等到衣櫃被塞爆了，才用超出常人的努力去清理它。你必須有一套適當的系統，如此一來，保持整潔才會變成慣例而且變得毫不費力。

人的本性就是想挑簡單的做。

在本書的這個部分，你將學習如何讓執行對的事情——必要的事情——變得盡可能簡單又毫無阻力。

第十五天

緩衝

預留緩衝，應付突發狀況

給我 6 小時砍樹，我會花前 4 小時磨斧。

——據稱是林肯（Abraham Lincoln）所言

　　希伯來《聖經》裡有一個故事講的是（以神奇彩衣聞名的）約瑟將埃及從嚴重的七年饑荒中拯救出來。法老做了一個他無法理解的夢，便要求最聰明的顧問群替他解夢。他們也無法理解，但有人想起當時正在坐牢的約瑟素以解夢著稱，於是就召見了他。

　　夢裡的法老站在河邊，他看見七隻「肥美」的母牛從河裡上來，在蘆荻中吃草。接著又有七隻「乾瘦」的母牛從河裡上來。第二批牛吃掉了第一批。約瑟解釋，這個夢意味著埃及必有七個豐年，隨後是七個荒年。因此，約瑟建議法老任命某個「審慎又明智」的人，連續七年每年徵收五分之一的收成，然

後積存起來做為荒年的緩衝。法老批准了這個計畫，並授予約瑟統治全埃及的維齊爾（vizier）職務，這是地位僅次於法老的最高層官員。他完美地執行了這個計畫，因此當七個荒年來臨時，埃及和周邊地區的每一個人，包括約瑟的大家庭，都獲得了拯救（編注：出自《聖經》創世紀第四十一章）。這個簡單的故事，正是專準主義者用來確保毫不費力的執行，最強而有力的實踐之一。

現實情況是，我們生活在一個變幻莫測的世界裡。即使撇開饑荒這種極端的事件不談，我們仍會不斷面對出乎意料的事。我們不曉得交通會是順暢還是堵塞。我們不曉得自己的班機會不會延誤或取消。我們不曉得自己明天會不會在光滑的路面上跌一跤並摔斷手腕。同樣地，在職場上我們不曉得供應商會不會遲到、同事會不會出差錯，或是客戶會不會在最後一刻改變方向等等。我們唯一可以預期（而且十分肯定）的，就是會發生意料之外的事。因此，我們若非等待那一刻的來臨，然後被動地對它做出反應，不然就是做好萬全的準備。我們可以建立一個緩衝。

「緩衝」（buffer）在字面上的定義是，某種阻止兩樣東西進行接觸和彼此傷害的東西。例如：環境保護區周圍的「緩衝區」，就是用來在該區域和任何可能滲入的潛在威脅之間，創造出額外空間的一塊區域。

　　有一次，我試著跟孩子解釋緩衝區的概念。當時我們一起待在車上，我試圖用一個遊戲來解釋這個概念。我說，想像一下我們必須到3英里外的目的地，但中途不能停車。孩子們幾乎馬上就看出它的挑戰性。我們無法預測前方或四周會發生什麼事。我們不知道綠燈會維持多久，或是前面的車子會不會忽然轉向或踩下剎車。避免碰撞的唯一方法，就是在我們的車子和前面的車子之間擺進額外的空間。這個空間可以做為緩衝。它讓我們有時間去反應和適應其他車輛的任何突發狀況或意外舉動。它使我們得以避免猛踩煞車和重新發動所造成的阻力。

　　同樣地，我們也可以透過建立緩衝，在工作和生活中減少執行必要之事所造成的摩擦。

　　在跟孩子玩車內「遊戲」時，他們注意到，當我因為說話或談笑而分心時，我會忘記保留緩衝，變得太靠近前車。接著我不得不做一些「不自然」的事情——像是突然轉向，或在最後一秒猛踩煞車——加以調整。假使我們忘了在生活中尊重和維持緩衝，類似的事情便有可能發生。我們變得忙碌不堪又心煩意亂，而在我們回過神時，專案到期了，大型簡報的日子也迫在眉睫——無論我們預留了多少額外的時間。因此，我們被迫在最後一刻「突然轉向」或「猛踩煞車」。學過化學的人都知道，氣體會擴散並填滿它們所在的空間；同樣地，我們也都體驗過專案和承諾有多麼容易擴大——儘管我們盡了最大的努力——並填滿我們分配給它們的時間。

　　只要想想你參加過的簡報、會議和工作坊有多常發生這種情形就行了。有多少次你看見某人試圖在很短的時間內塞進太多幻燈片？有多少次你參加的研討會讓人覺得講者中斷了一席別具意義的談話，只因為他／她覺得非把規劃的內容全部講完不可？這種情形屢見不鮮，已經開始像是預設狀態一般。因此，當我和一位工作哲學與上述不同的主講人共事時，確實感到如釋重負。他當時正在規劃一場4小時的工作坊。不像一般講座只在結束前10分鐘允許大家發問和評論，他反而建議給整整1小時。他解釋：「我喜歡讓時間充裕一些，以防萬一有事發生。」一開始，有人認為他的想法任性而加以否決，還指示他改回傳統的形式。果不其然，課程超出了分配的時間，主講人必須試著趕完剩下的內容，於是他們又允許課程改成原本建議的時數。事情的發展一如他所預期，但這回他預留了緩衝的時間。現在課程可以準時結束了，**而且**主講人也能專心講課，而不是趕著把內容講完。

　　一位我認識的媽媽在準備和家人去度假時，也學到了同樣的教訓。以往他們去度假時，她總是拖到前一晚才收拾行李。最後，她不可避免地熬夜、失去精力、睡得太少，直到天亮才完成打包，卻因為忘了某樣東西只好晚點出門，然後不得不為了趕時間而勉強自己長途駕駛。然而，這次她一週前就開始打包，前一晚就確認行李已經全部裝進車裡，所以她早上唯一的

任務就是叫醒孩子，讓每個人都坐上車子。這招成功了。他們提早出發，一夜好眠，沒有丟三落四，而且遇上塞車也不會緊張，因為他們替這種可能性預留了緩衝。也因此，他們不僅準時抵達，還享受了一趟沒有摩擦甚至令人愉快的旅程。

非專準主義者往往會把事情想得十全十美。我們都知道，那些人（和我們許多人，我自己也曾經是那種人）會長期低估某件事情真正要花的時間：「這個只要5分鐘就好」、「我週五就能把那個案子做完」，或是「我只要一年就能寫出代表作」。但不可避免的是，這些事情得花更長的時間。某件意料之外的事情發生了、任務最後變得比原先預期的還要複雜，或單純只是一開始的估計過分樂觀。發生這種情形時，他們只能被動地對問題做出反應，然後不可避免地受到損害。也許他們熬了一晚才把事情做完。也許他們投機取巧，交出了不完整的案子，或者更糟的是，他們根本就做不完，而且還讓團隊裡的其他人收爛攤子。無論是哪種方式，他們都無法執行出最高水準的成果。

專準主義者之道則有所不同。專準主義者展望未來。他們會悉心規劃。他們會為各種突發事件做足準備。他們會預期到意料之外的事。他們會為無法預見的事情建立緩衝，好讓自己在事情發生時能有一些轉圜的餘地，因為意外的發生無可避免。

非專準主義者	專準主義者
把事情想得十全十美	為意料之外的事件預留緩衝
在最後一刻勉強執行	極為充分的前期準備

當非專準主義者獲得意外之財時，會傾向於大肆揮霍，而不是留著以備不時之需。我們可以從不同國家對發現石油的回應方式看到這樣的例子。比方說，1980年英國發現北海油田時，政府突然獲得大筆意外之財，十年來的額外稅收高達1,660億英鎊（約合2,500億美元）。[1]人們對這筆錢的用法各有贊成和反對的理由。但無從爭論的是，它已經被花掉了；英國政府沒有替意料之外的災難（例如：以後見之明看來，是即將來臨的大蕭條）建立一筆防患未然的捐贈基金，反而把錢花在別的地方。

另一方面，專準主義者之道則會利用順境為逆境建立緩衝。挪威同樣因為石油而獲得大筆意外稅收，但不像英國，挪威反而將這筆鉅款的絕大部分投入了捐贈基金。[2]時至今日，這筆捐贈基金已經增值為價值非凡的7,200億美元，使它成了全世界規模最大的主權財富基金，並為日後不可知的境遇提供了緩衝。[3]

今天我們的生活步調只會愈來愈快。我們彷彿在另一輛車子後方的1英寸，以100英里的時速急駛。假使駕駛做出哪怕是最微不足道的意外之舉——即使只是稍微減速或偏離了一點

點方向——我們都會直接撞上他。沒有犯錯的餘地。也因此，執行常常讓人備感壓力、充滿挫折又十分勉強。

為了避免你的工作（和神智）突然衝出馬路，以下是幾個建立緩衝的小訣竅。

把準備做到極致

當我還是史丹佛的研究生時，我學到想獲得頂尖的成績，關鍵就在於把準備做到極致。一收到我們班上的課程大綱，我就會影印幾份，然後跟整個學期的行事曆貼在一起。甚至在第一天上課前，我就知道會有哪些大型專案，而且會馬上著手進行。這個在準備上的小小投資減輕了我一整個學期的壓力，因為我知道即使我的工作量突然爆增、家裡有急事逼得我錯過幾堂課，或是有任何意料之外的事件發生，我都有充分的時間完成所有的作業。

更大規模的極致準備可以從羅爾德・亞孟森（Roald Amundsen）和羅伯・史考特（Robert Falcon Scott）的故事中看出價值。他們曾競相成為現代史上抵達南極的第一人。他們兩人有完全一致的目標，但做法互有差異。[4]亞孟森為可能出錯的一切做足準備；史考特則希望一切十全十美。史考特只為那趟行程帶了一支溫度計，而當它摔破時他怒不可遏。亞孟森帶了四支溫度計。史考特替他的十七人團隊儲存了 1 噸食物。亞孟森儲存了 3 噸。史考特沿路替回程存放物資，但一個地點

才插一支旗子，這表示他只要稍微偏離路徑，他的團隊就有可能錯過它。相形之下，亞孟森設置了二十個相隔數英里的標誌，目的是確保他的團隊能看見。亞孟森為了這趟旅程勤奮準備、痴迷閱讀，史考特卻只做了最低限度的打算。

當亞孟森為了他的計畫審慎地建立資源和緩衝時，史考特卻希望一切盡如人意。當史考特的手下飽受疲勞、飢餓和凍瘡之苦時，亞孟森團隊（在那種情況下）的旅程卻相對少了阻力。亞孟森成功地走完全程，史考特和他的團隊則悲慘地命喪黃泉。

極致準備的重要性對商場上的我們同樣適用。事實上，詹姆·柯林斯和莫頓·韓森（Morten Hansen）就是以這個例子來證明，為何有些企業會在極端和困頓的情況下蓬勃發展，另一些卻鎩羽而歸。從 20,400 間公司中過濾出 7 間之後，作者們發現，比起其他略遜一籌的同業，營運最成功的那幾間並不具備任何較優異的預測能力。它們反而承認自己無法預期意料之外的事，才因此做了更周全的準備。[5]

替預估的時間加上百分之五十

我認識一個人，她一直認為她去某間商店只要 5 分鐘，因為她有**一次**只花 5 分鐘就到了。事實是，她通常得花 10～15 分鐘。本質上這不會是個大問題，但不幸的是，她生活中的多數預估總是如此。因此她一再遲到，而且在持續的緊張和內疚狀

態下讓事情變得更糟。多年來她一直卡在這個循環裡，她甚至不再意識到自己活在持續的壓力之中，就連她的身體也受到影響。但她仍相信自己能在5分鐘內抵達商店——在30分鐘內結束電話會議、在一週內完成重要報告或其他任何她想塞進去的事——而且她偶爾就會這麼做。可是對她和她身邊的人而言，這麼做的代價很大。她可以在這所有倉促的努力中做出更大的貢獻，只要她建立一個緩衝即可。

你是否曾低估一個任務要花多久時間？如果你曾經如此，那你絕不孤單。這種十分常見的現象有個專有名詞叫「規劃謬誤」（planning fallacy）。[6]這個在1979年由丹尼爾‧康納曼所創造的名詞，指的是人們往往會低估一個任務將耗時多久，**即使他們以前實際執行過那個任務**。在一項研究中，有三十七名學生被問到要花多久時間才能完成學士論文。當學生們被要求預估「如果一切盡如人意的話」要花多久時間時，他們預估的平均值是27.4天。當他們被問到「如果諸事不順的話」要花多久時間時，他們預估的平均值是48.6天。最後，學生們實際上平均花了55.5天的時間才完成。只有三成的學生在他們預估的時間內完成任務。[7]說也奇怪，儘管人們承認自己有低估的傾向，卻仍同時相信自己目前的估算正確無誤。[8]

我們為什麼會低估某件事情將耗時多久？在各種解釋中，我相信社會壓力是最有趣的一環。一項研究發現，如果人們以**匿名**方式預估完成一個任務要花多久時間，他們就不會因為規

劃謬誤而感到內疚了。[9]這也暗示，我們通常**知道**自己其實無法在既有的時間內完成任務，但我們卻不想對某人承認這一點。

無論原因為何，結果是，我們往往比自己所說的還遲：開會遲到，工作遲交，帳單遲繳等等。執行因此變得令人沮喪，儘管它原本可以毫無阻力。

有一個方法可以防止這種情形，就是替我們預估完成某個任務或專案所需要的執行時間，直接加上百分之五十做為緩衝（如果百分之五十似乎太過慷慨，請想想事情實際上有多常超出預期時間的百分之五十）。因此，如果你替電話會議預留了1小時，不妨空出額外的30分鐘。如果你預估送兒子去練足球要花10分鐘，不妨在練習開始前的15分鐘離開家門。這不僅能減輕我們擔心遲到的壓力（想像一下，假使我們不會遲到的話，塞在車流中會少掉多少壓力），假使我們發現任務執行起來比預期的更快、更輕鬆（雖然這對我們多數人而言是難得的經驗），那麼多出來的時間更會讓人覺得像是意外的收穫。

進行情境規劃

華頓商學院風險管理暨決策流程中心主任艾寰·米歇爾蓋雄（Erwann Michel-Kerjan）建議，以國家元首為起點，每個人都發展一套風險管理策略。例如：他曾與世界銀行合作指出全世界最脆弱的國家，結果在八十五個國家中被指出排名第五十八的摩洛哥，便為了準備對抗風險領域而制定出一套行動

方案。[10]

艾寰在與各國政府合作建立風險管理策略時，建議他們先問五個問題：（一）我們面臨的風險是什麼？在哪裡？（二）哪些資產和人口會暴露在風險之下？到什麼程度？（三）它們有多脆弱？（四）這些風險對個人、企業和政府預算會造成何種經濟負擔？以及（五）我們要如何做出最有效的投資，以便降低風險並加強經濟和社會的復甦力？[11]

在企圖為自己預留緩衝時，我們同樣能應用這五個問題。想想你在職場或家中最想完成的重大計畫是什麼，然後問以下五個問題：（一）你在這個計畫上面臨的風險是什麼？（二）最糟的情況是什麼？（三）這麼做的社交效應是什麼？（四）這麼做的財務衝擊是什麼？以及（五）你要如何投資才能降低風險，或強化財務或社交上的復甦力？你回答第五個關鍵問題的答案，將指出你為了保護自己不受未知事件影響所能建立的各種緩衝──也許是替這個計畫增加另外兩成的預算、找一名公關人員來處理任何潛在的負面新聞，或是召開董事會議以便因應股東的期待。

專準主義者接受我們永遠無法為每一種局面或情況做出充分預測或準備的現實；未來實在變幻莫測。也因此，他們反而會建立緩衝，藉以減少出乎意料之事所造成的摩擦。

第十六天

減法

移除障礙，事半功倍

為學日益，為道日損。

——老子

　　在企業寓言小說《目標：簡單有效的常識管理》(*The Goal*) 中，艾利克斯‧羅哥 (Alex Rogo) 是一個虛構人物，他因為肩負在三個月內讓一間賠錢的製造工廠轉虧為盈的責任而感到不知所措。[1] 起先他看不出可能性。接著他得到一位教授的指導，教授告訴他，他可以在短時間內達成令人難以置信的進展，只要他能找到這間工廠的「制約因素」。他被告知，制約因素是影響整個系統的障礙，即使他改善了工廠內的其餘一切。他的導師說，如果他不處理制約因素，工廠就不會有實質的改善。

　　當艾利克斯試圖理解教授指點他的事情時，他和兒子及一

些朋友去徒步旅行。身為童軍領隊，他的任務是在太陽下山前把所有的男孩帶到營地。但任何參加過這類遠足的人都知道，要讓一群小男孩跟上步伐，比它聽起來的還要難，而且艾利克斯很快就遇上了一個難題，那就是：有些童軍走得飛快，其他人卻走得很慢。特別是一個名叫賀比的男孩，他是所有人當中速度最慢的。而結果是，隊伍最前面的男孩與掉隊的賀比之間，間隔長達 1 英里。

起初，艾利克斯試圖讓前面的隊伍停下來等其他人趕上，以便處理這個問題。這麼做能讓隊伍待在一起一段時間，可是一旦他們又開始行進，同樣的間隔就會再次形成。

因此艾利克斯決定試試不同的做法。他把賀比擺在這群人的**前面**，然後讓其他男孩按速度排隊：從最慢到最快。讓最快的人排在隊伍最後面有些違反直覺，可是他這麼做了以後，一行人立刻開始以單一隊伍的形式移動。每個男孩都能跟上他前面的人。好處是，現在他能夠同時留意整支隊伍，而且他們會安全地同時抵達營地。壞處是，這整隊童軍目前是以賀比的速度在移動，所以他們會遲到。他該怎麼做呢？

艾利克斯發現，答案是做任何能讓賀比輕鬆一點的事。由於隊伍前面是速度最慢的男孩，因此只要賀比 1 小時能快上 1 碼，這整隊童軍便能更快抵達。這對艾利克斯而言是個驚人的領悟。賀比的任何改善，無論多小，都能立即提升整個團隊的速度。因此，他其實只要減輕賀比的背包重量（他帶了額外的

食物和生活用品），並將它分配給其他隊員即可。事實上，這麼做瞬間提高了整個隊伍的速度。他們也因此及時抵達營地。

在恍然大悟的那一刻，艾利克斯看出這個方法也能應用在製造工廠的轉虧為盈上。他沒有試圖改善各個方面的設備，他需要的反而是認出「賀比」，也就是在生產流程中，速度最慢的部分。他找出一臺有最多材料大排長龍的機器，然後找出一個方法來提高它的效率。這麼做可以回過頭來改善下一個「賀比」的效率，直到整間工廠的生產力開始改善為止。

問題是：在你工作或生活中的「賀比」是什麼？妨礙你實踐真正要緊之事的障礙是什麼？透過系統化地指認並移除這種「制約因素」，你便能顯著減少妨礙你執行必要之事的阻力。

但缺乏計畫成不了事。只是到處找出需要修理的東西，最多只會有微不足道的短期改善而已；最糟的情況是，你會浪費時間和精力去改善不重要的東西。但如果你真的想改善系統的整體運作——無論那個系統是製造過程、你部門裡的流程，或是一些日常生活中的例行公事——你就必須認出「賀比」。

非專準主義者會以一種被動反應，以及缺乏計畫的方式執行任務。由於非專準主義者總是被動地對危機做出反應，而不是事先預做準備，因此會被迫採取應急的解決方案：等於把手指插進漏水的水庫小孔，並希望整件事情不要爆發一樣。善用錘子的非專準主義者也認為一切都是釘子，因此施加的壓力愈來愈大，最後卻增加了更多的摩擦與挫折。事實上，在某些情

況下你愈是用力催促某人，對方的抗拒力道就會愈大。

專準主義者不會漠然接受治標不治本的解決方案。他們不會尋找最明顯或最直接的障礙，反而會尋找拖慢進度的原因。他們會問：「妨礙我們達成必要之事的是什麼？」當非專準主義者忙著施加愈來愈多的壓力、堆出愈來愈多的解決方案時，專準主義者卻在移除障礙上做一勞永逸的投資。這種做法不但可以解決問題；它也是一種讓你事半功倍的好方法。

非專準主義者	專準主義者
想出一堆應急的解決方案	排除障礙以便有所進展
做得更多	產出更多

移除更多，就能製造更多

亞里斯多德談過三種工作，但在現代社會裡，我們往往只強調其中兩種。第一種是理論性的工作，最終目標是追求真理。第二種是實用性的工作，目標是採取行動。可是還有第三種，亦即**創造性的**（poietical）工作。[2]哲學家海德格（Martin Heidegger）曾將「poiesis」描述為「產出」（bringing-forth）。[3]而第三種工作便是專準主義者之道的執行方式：

透過移除更多而非做得更多，專準主義者得以製造更多──亦即產出更多。

　　我們通常不會花時間去真正思考：哪些努力會產生成果，哪些不會。但即使我們這麼做，也很容易把執行想成加法，而不是減法。假使我們想賣出更多產品，我們就雇用更多銷售人員。假使我們想製造更多產品，我們就逐步提高產量。有明確的證據支持這種做法。然而，想要改善結果還有另一種方式。專準主義者不會聚焦在我們必須增加的努力和資源上，反而會專注於我們必須移除的制約因素或障礙。但要怎麼做呢？

1. 釐清必要意圖

　　我們無法得知該移除什麼障礙，直到釐清想要的結果為止。當我們不清楚自己真正試圖實現的目標時，一切的改變不過是隨性而為罷了。所以請問問自己：「我們怎麼知道自己完成了？」為了說明本章的內容，我們先假定你的目標是寫好十五頁的報告草稿，在週四下午兩點前，以電子郵件附加檔案的方式寄給客戶。請注意：這是刻意精確而非含糊不清的結果。

2. 找出阻礙你的最大因素

　　不要貿然跳進一個專案裡，而是要花幾分鐘仔細想想。問問自己，「擋在我和完成任務之間的障礙是什麼？」以及「妨礙我完成任務的是什麼？」然後把這些障礙列成清單。其中可能包括：缺乏你需要的資訊、你的精力不足、你對完美的欲求。接著用以下這個問題替清單列出優先次序：「一旦被移除，就會使其他多數障礙跟著消失的障礙是什麼？」

　　在指認阻礙你的最大因素時，要記住的一個重點是，即使是具有「生產力」的活動——像是做研究、寫信向他人索取資訊，或是為了第一次就做到完美而重寫報告——也可能是你的障礙。請記住，你要的目標是把報告的草稿寫完。任何會使目標延後完成的事情都該遭到質疑。

　　想實現任何必要意圖，通常都有諸多障礙。然而，任何時

候都只能有一個優先事項；如果主要障礙仍聞風不動，隨意移除其他障礙很可能會毫無效果。就拿我們的例子來說，你可以雇人替你做研究，但如果書寫才是你的主要障礙，這麼做其實無助於寫出前述報告。因此，就像艾利克斯先搞定效率最差的機器，再收拾效率第二差的機器一樣，別想一次就把它們全部搞定。我們同樣必須逐一著手移除障礙。

3. 移除障礙

假設你的最大障礙，是你想做出完美報告的欲望。你可能有幾十個改善報告的構想，但在這個例子裡，你的必要意圖是寄出草稿。因此，想移除障礙，你得將「這份報告必須盡善盡美，否則……」的想法，替換成「完成勝過完美」。請允許自己不要潤飾初稿。移除主要障礙，你才能讓工作在各個方面變得更加容易。

最大障礙甚至可能是另一個人——無論是不批准計畫的老闆、不認可預算的財務部門，還是不肯在虛線上簽名的客戶。為了減少與另一人的摩擦，不妨使出「甜言蜜語」的招數。發一封電子郵件給他，但不要問他是否替你完成了工作（他顯然還沒有），然後直接過去看看他。你可以問他：「妨礙你達成X的障礙和瓶頸是什麼？我要怎麼幫你移除？」不要一直纏著他，而是要提供真誠的支援。這麼做，你得到的會是比僅僅寄給他一封另有要求的電子郵件更溫暖的回應。

　　當我們的孩子還很小，而我還在念研究所的時候，我太太對於每天都要全天候照顧小孩感到十分緊張，而且有些無所適從。當時我正在研究制約理論，所以心裡特別惦記著這件事。在應用了上述步驟以後，我們意識到，讓她無法對孩子的生活做出最高貢獻的主要障礙是，她缺乏用來規劃、思考和準備的時間；畢竟，身旁有三個幼兒，你根本不可能擁有不受打擾的時間。因此我們必須想辦法移除這個障礙。為了晚上能夠待在家裡，我退出了許多課外活動，而且我們還找到了一個能在週間照顧小孩幾小時的人。結果是，我們在陪伴孩子時能更充分地投入並專注於當下。換句話說，我們兩個最後做的其實更少，但成效更好。

　　移除障礙不見得一定會困難重重，或需要付出超人般的努力。相反地，我們可以從小地方著手。這有點像是設法從山頂移動一塊大石頭。只要輕輕推它一把，下衝的力道自然就會跟著擴大。

第十七天

進展

完成小目標的成就感

每天做一些能讓你朝更美好的明天緩緩前進的事。

——道格‧費爾包（Doug Firebaugh）

　　想想你上次開車時被警察要求靠邊停車的情形。你會不會納悶：「它是一張好的罰單還是壞的罰單呢？」不太可能。人人都知道，罰單是壞的，不是嗎？但在加拿大的列治文市（Richmond），至少有一間創新的分局認為，這個假設理應受到質疑。[1]

　　打擊犯罪有一套根深柢固的做法：通過更嚴厲的新法律、訂出更重的量刑，或啟動零容忍方案。換句話說，做更多我們已經在做的事——只是力道更強罷了。多年來，列治文市警局在各地奉行這些核心且行之有年的警務系統，並經驗到典型的結果：六成五的再犯率和急劇增加的青少年犯罪。直到年輕又

具前瞻性的新任警長聶華特（Ward Clapham）上任並開始質疑這些做法為止。[2]他問道，我們的維安工作為何必須如此被動反應、消極負面，而且事發之後才開始行動呢？假使警方不僅專注於在罪犯犯案**後**逮捕他們——然後端出至今最嚴厲的刑罰——同時更在犯罪行為發生**前**，便投入顯著的資源和努力來加以消除，會是如何？套句英國前首相東尼・布萊爾（Tony Blair）的話：假使他們可以對犯罪強硬，但同時也對犯罪的**起因**強硬，會如何？[3]

這些疑問蘊育出「正向罰單」的新穎想法。這個由警方所推動的計畫，沒有聚焦在逮捕為非作歹的年輕人身上，反而專注於留意做**好事**的青少年——像是把垃圾丟進垃圾桶而不是扔在地上、騎機車戴安全帽、在指定的區域溜滑板，或是準時到校這類簡單的事——並因為**正面**的行為而開給他們一張罰單。當然，這張罰單不像違規停車的罰單一樣附帶罰款，反而可以兌換某些小小的獎勵，像是免費看電影，或是參加當地青年中心所舉辦的活動等等——那種有益身心，還能讓年輕人遠離街頭、擺脫麻煩的好康活動。

那麼，列治文市重新構思警務工作的非傳統做法成效如何呢？成效非常好。儘管花了一些時間，但他們將這套做法視為長期策略來投入，而十年後，正向罰單系統已經將再犯率從六成降到了百分之八。

你可能不認為，警務部門會是你期待看見專準主義發揮作用的地方，但事實上，聶華特的正向罰單系統在毫不費力地執行任務方面，卻是一個教訓。

非專準主義者之道是每件事情都全力以赴：試圖什麼都做、什麼都有、什麼都塞進去。非專準主義者在錯誤的邏輯下執行任務，以為愈努力就愈能實現目標。但現實情況是，我們愈想伸手摘星，就愈難使自己離開地面。

專準主義者之道則與眾不同。專準主義者不會試圖完成一切──而且同時完成──但後繼無力，他們反而會從小地方著手並慶祝有所進展。專準主義者不追求巨大、華而不實，浮誇卻無關緊要的勝利，他們只在必要的領域中追求微小而簡單的勝利。

非專準主義者	專準主義者
從遠大的目標著手，卻只得到些微成果	從小地方著手，但成果豐碩
追求曇花一現的勝利	讚美微小卻有進展的行動

透過留意和獎勵處於「小贏」當中的人們，聶華特的做法充分運用了讚美進展的力量。在一個動人的例子裡，警察攔下一名青少年，因為他剛救了一個差點被車撞上的女孩。警察開了一張正向罰單給他，然後說：「你今天做了一件很棒的事。你可以有一番作為。」男孩回到家，把正向罰單貼在牆上。幾

個星期後，他的養母問他是否打算兌現。令她驚訝的是，他說他永遠不會。成年人說他有可能成為重要人物，這比吃免費披薩或打保齡球的價值還要高。

把這種良性互動乘以一年四萬次，共計十年，你就能意識到為什麼它會開始發揮影響力了。每當年輕人得到認可並因行善而受到表揚時，他／她便有更大的動機持續行善，到最後，行善會變得自然而然又毫不費力。

當我們想創造重大的變化時，往往認為自己需要某種龐大或浮誇的東西來打頭陣。就像一位我認識的主管，他大張旗鼓地宣布要替女兒蓋一間精巧的娃娃屋——但由於他想像的規模和野心太大，以致於他後來放棄了這個過於繁重的計畫。有一個吸引人的邏輯是：做大事必須大張旗鼓。然而，想想組織中所有聲勢浩大最後卻毫無成果的提案——就像那位主管的娃娃屋。

研究顯示，在人類所有形式的動機中，最有效的是進步。為什麼？因為微小而具體的勝利可以創造動能，並強化我們取

勉強贏得巨大的勝利

得進一步成功的信念。在1968年《哈佛商業評論》一篇名為〈再探員工激勵之道〉（One More Time: How Do You Motivate Employees?），且躋身《哈佛商業評論》有史以來最受歡迎文章之一中，菲德烈・赫茲伯格（Frederick Herzberg）所揭露的研究成果顯示，人類的兩大內在推動力是成就，以及成就受到認可。[4]最近，泰瑞莎・艾默伯（Teresa Amabile）和史帝文・克瑞默（Steven Kramer）向數百人收集了涵蓋數千個工作天的匿名日記。根據這上萬則反省，艾默伯和克瑞默的結論是，「每天都有進步——即使只是小贏」也能使人們在感受和表現方面大不相同。「工作一整天，在所有能提振情緒、動機和認知的事情當中，最重要的一件便是在有意義的工作上取得進展。」他們表示。[5]

逐步創造微小的勝利

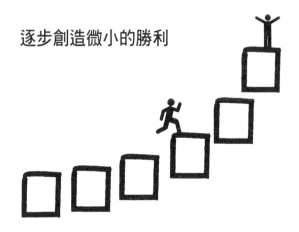

不要大張旗鼓地開始卻後繼無力，除了浪費時間和精力之外拿不出半點成績。想真的把必要之事做好，我們就必須從小地方著手並建立動能。接著，我們可以運用這股動能努力迎向下一次勝利，然後是再下一次，直到我們有顯著的突破為止。而當我們這麼做時，我們的進展將會變得順暢而不費力，使突破看似突如其來的成功。正如前史丹佛大學教授暨教育學家亨利·艾寧（Henry B. Eyring）所言，「我的經驗讓我學會了這個改善人和組織的方法：我們能在常做的事情上進行的微小改變，正是最該留意的地方。力量就在穩定與重複之中。」[6]

當我和「美國心理學會」前任會長菲利普·金巴多（Phil Zimbardo）博士共進午餐時，我對他的認識主要是：著名的「史丹佛監獄實驗」的幕後策劃者。[7]1971年夏天，金巴多帶領一群健康的史丹佛大學生，給他們指派了「獄卒」和「囚犯」的角色，然後把他們關進史丹佛大學地下室一座臨時搭建的「監獄」裡。才幾天，「囚犯」便開始出現憂鬱和壓力極大的症狀，「獄卒」則開始做出殘忍和施虐的舉動（實驗提前結束，原因顯而易見）。重點在於，只不過**受到像**囚犯和獄卒般的待遇，在短短幾天內就能創造出一股導致受試者**做出像**囚犯和獄卒般舉動的動力。

史丹佛監獄實驗相當有名，許多關於它的弦外之音都曾被書寫下來。但我想知道的是：如果只是被某種方式對待，就能使這群史丹佛學子逐漸適應這些負面行為，那麼同樣的制約是

否也能促成更多的正面行為呢？

事實上，目前金巴多正嘗試一項名為「英雄想像計畫」的大型社會實驗。[8]該計畫的邏輯是，透過教導人們英雄主義的原則，來增加他們英勇仗義的可能性。金巴多相信，透過鼓勵和獎賞英勇行為，我們可以有意識並審慎地創造出一個讓英勇行為變得自然而然又毫不費力的系統。

我們面臨選擇。我們可以把精力用在建立一個讓執行易如反掌的系統上，也可以屈從於一個實際上只會讓做好事更加困難的系統。聶華特的正向罰單系統選擇了前者，而且成效卓著。在為自己的生活設計系統時，我們也能將同樣的原則應用在所面臨的選擇上。

我太太安娜和我曾試圖將這些觀念應用在我們的教養系統上。我們一度對螢幕時間不知不覺溜進家門感到憂心。在電視、電腦、平板電腦和智慧型手機之間，孩子已經變得太容易將時間浪費在不必要的娛樂上。但我們想讓他們改掉這些習慣的企圖，卻如你所能想像地遇到了阻力。每當我們關掉電視或想限制他們的「螢幕時間」時，孩子便會抱怨。而身為父母的我們，必須更有意識地監督這種會妨礙我們去做必要之事的情形。

因此我們引進了一套代幣系統。[9]每開始新的一週，我們就會給孩子十枚代幣，一枚可以交換0.5小時的螢幕時間，或在週末時兌換成5毛錢，一週最高可以加總到5塊錢或5小時

的螢幕時間。孩子如果讀了0.5小時的書，可以獲得一枚額外的代幣，而它也能用來交換螢幕時間或金錢。結果令人難以置信：螢幕時間在一夜之間下降了九成，讀書時間則等量上升，**而且**我們必須投注在監督這個系統上的整體努力則一路下降。換句話說，非必要的活動戲劇性地減少，必要的活動則戲劇性地增加。一旦在系統建立之初投入少量的努力，它便能毫無阻力地運作下去。

我們可以在家中和職場建立起這類系統。關鍵在於從小地方著手，鼓勵進步，並讚美小小的勝利。以下是一些技巧。

專注於最低限度的可行進展

矽谷有一個流行的概念是「完成勝過完美」。[10]這個見解並非說我們應該製造垃圾。依我的解讀，這個概念是要我們別在不必要的事情上浪費時間，只要把事情完成就好。創業圈則以創造一個「最低可行產品」（minimal viable product）來表達這個概念。[11]它的想法是：「對目標客戶而言，既有用又有價值卻盡可能簡單的產品是什麼？」

同樣地，我們也能採取「最低可行進展」的方法。我們可以問問自己：「對我們試圖完成的必要任務而言，既有用又有價值的最小進展是什麼？」我在寫這本書時就採取了這種做法。比方說，當我還在探索這本書的架構，甚至還沒有動筆（或按下鍵盤）之前，我會先在Twitter上分享一則簡短的想

法（我的最低可行產品）。如果它看似能引起共鳴，我便會在《哈佛商業評論》上寫一篇部落格文章。這種只需要少許努力的互動過程，能讓我在我的想法和與他人生活看似最有交集的事物之間，找到似乎有所關聯的地方。

這也是皮克斯（Pixar）在他們的電影上所採取的步驟。他們不從劇本開始，而是從分鏡腳本（或是被形容成漫畫版電影的東西）開始。他們試著把想法畫出來，看看哪個行得通。他們會反覆進行好幾百次，然後對一小群人做試映，以便得到進一步的意見回饋。這使他們能以盡可能最少的努力盡快得知觀眾的反應。一如皮克斯暨迪士尼現任創意長約翰・拉薩特（John lasseter）所言，「我們實際上並沒有完成電影，但我們還是發表了。」[12]

做最低限度的可行準備

想達成重要目標或趕上截止期限有兩種截然不同的做法。你可以早點開始並從小地方著手，也可以晚點開始然後大舉行動。「晚點開始和大舉行動」意味著撐到最後一刻才全面開工，也就是熬通宵並「使它發生」。「早點開始和從小地方著手」則意味著盡早開始，而且盡可能投入最少的時間。

在專案或任務到期的兩週前投資 10 分鐘，通常能在最後一刻替你省下許多瘋狂又令人緊張的混亂。找一個既定的目標或期限然後問問自己：「我**現在**就能著手準備的最低限度是什

麼？」

　　一位格外鼓舞人心的演講者曾解釋過，對他而言，關鍵在於從大型演說的半年前開始準備。他不是準備整場演講；他只是開始而已。假使你在幾週或幾個月後有一場大型簡報，不妨現在就開一個檔案，花4分鐘寫下任何想法，然後關閉檔案。不必超過4分鐘。只要開始就行了。

　　一位在紐約的同事則運用一記簡單的妙招：每當她排定一場會議或一通電話時，她會花正好15秒的時間打出會議的主要目的，如此一來，在會議當天上午，當她坐下來準備討論重點時便能加以參考。她不必規劃所有的議程。只要花幾秒鐘提早準備，便能產生有價值的回報。

在視覺上獎勵進展

　　還記得五歲時學校舉辦的募款活動嗎？還記得那支在視覺上呈現出學校募款進度的大型溫度計嗎？還記得每天看著溫度計的水平上升有多麼令人興奮和激勵人心嗎？或許你的父母也曾替你做了星星表。每次你吃了菠菜、準時上床或打掃房間時，就能得到一顆星星，而且你很快就不需要任何敦促，也會實際去做那些事情了。

　　能明顯看見朝向一個目標的進展可謂效果宏大。請務必在家中或職場的重要目標上應用相同的技巧。

　　當我們從小地方著手並獎勵進展時，最後所達到的成就，

將比訂下偉大、崇高卻往往遙不可及的目標時**更大**。更棒的是，積極強化自身成功的舉動，能使我們從這個過程中獲得更多的樂趣和滿足。

第十八天

心流

建立流程，不費力地完成瑣事

智者的慣例，是雄心的象徵。

——維斯敦・奧登（W. H. Auden）

在贏得2008年的京奧金牌前，奧運游泳選手麥可・菲爾普斯（Michael Phelps）多年來在每場比賽中一直遵循相同的慣例。他會提早2小時到場。[1]他會根據一套精準的模式伸展和放鬆肌肉，包括：混合式800公尺、自由式50公尺、浮板打水600公尺，以及夾浮力球游400公尺等等。熱身後他會擦乾身體，戴上耳機，然後坐在按摩床上。他從不躺下。從那一刻到比賽結束為止，他和教練鮑伯・波曼（Bob Bowman）不做任何交談。

比賽45分鐘前他會穿上賽服。30分鐘前他會進入熱身池並游上600～800公尺。10分鐘前他會走進準備室。他會找一

個單獨的座位，絕不坐在任何人旁邊。他喜歡把他兩側的座位空下來擺東西：一邊是蛙鏡，另一邊是他的毛巾。當比賽宣布進場時，他會走向跳臺，做他固定會做的事：兩個伸展，先做抬腿伸展，再做屈膝動作。每次都從左腿開始。接著右邊的耳塞會掉出來。等叫到他的名字時，他會拿出左邊的耳塞。他會踏上跳臺——永遠從左側，把跳臺擦乾——總是如此，然後站著擺動手臂，以這種方式拍打他的背部。

　　菲爾普斯解釋：「這只是一個慣例而已。我的慣例。我持續了一輩子的慣例。我並不打算改變。」就這麼簡單。他的教練鮑伯・波曼和菲爾普斯共同設計了這套身體慣例。但這還不是全部。他也給菲爾普斯一套睡覺前和起床後的思考慣例，他稱之為「看錄影帶」。[2] 當然，實際上並沒有錄影帶。這支「帶子」指的是觀想一場完美的比賽。從站上跳臺的起始姿勢、每一個划水動作，到勝利地浮出泳池、臉龐有水珠滴下，菲爾普斯會用精緻的細節和慢動作來觀想比賽中的每一刻。

　　菲爾普斯不是偶爾才進行這套心理慣例。多年來，他每天睡覺前和起床後都這麼做。當鮑伯想在練習時挑戰他時，會大喊：「把帶子放進去！」於是菲爾普斯便會敦促自己超越極限。最後這套心理慣例變得太根深柢固，以致於比賽前鮑伯幾乎不必再叮嚀「把錄影帶準備好」這句話。菲爾普斯總是隨時準備「按下播放鍵」。

　　在被問到關於慣例的事情時，波曼說：「如果你想問麥可

比賽前在想什麼，他會說他其實什麼也沒想。他只是按計畫進行而已。但那並不正確。它比較像是由習慣接管一切。當比賽來臨時，他的計畫已經進行了超過一半，而且他每一步都穩操勝算。所有的伸展都按他的計畫進行。熱身圈一如他所觀想的那樣。耳機裡播放的是他預期的音樂。實際比賽不過是在當天較早開始且勝券在握的模式中的另一個階段罷了。贏是自然而然的事。」[3]

眾所周知，菲爾普斯在2008年的北京奧運上贏得了破紀錄的八面金牌。在菲爾普斯創下驚人成就的幾年後造訪北京，我不禁思索，菲爾普斯和其他的奧運選手，究竟如何使這些驚人的體育賽事功績看似毫不費力。當然，比起世界上任何其他的運動員，奧運選手練習的時間更長，訓練也更艱辛。可是當他們進了泳池、上了跑道，或踏上溜冰場時，他們卻能讓比賽看起來輕而易舉。這不只是訓練的自然延伸而已，它更證明了正確慣例的特質。

非專準主義者之道，是只在被逼時才會想把必要之事做好。執行只是做苦工而已。你努力把東西生出來。你硬著頭皮完成事情。

專準主義者之道則有所差異。專準主義者會認出必要的事情，並設計出一套能讓達成這些事情成為預設狀態的慣例。是的，在某些情況下專準主義者還是得努力工作，但有恰當又正確的慣例，卻能讓每一分努力都產出事半功倍的成果。

非專準主義者	專準主義者
試圖勉強執行必要之事	設計一套使自己牢記必要之事的慣例，並輕鬆自如地執行
讓非必要的事情成為預設狀態	使必要之事成為預設狀態

讓困難之事變簡單

慣例是移除障礙最強而有力的工具之一。缺乏慣例，來自非必要雜務的吸引力將輕鬆戰勝我們。但假使我們創造出一套使自己牢記必要之事的慣例，我們便能以自動飛航模式來執行。我們不必刻意追求必要之事，我們不必想著它，它自然就會發生。我們不必每天耗費寶貴的精力替每件事情排定優先次序。我們只要花一些初始能量創造慣性行為，剩下的就只是照做而已。

有大量的科學研究解釋過慣例能讓困難之事變簡單的機制。一個比較簡單的解釋是，當我們反覆進行某個工作時，神經元或神經細胞，會透過被稱為「突觸」的溝通接收器製造新的連結。這些連結藉由一再反覆而強化，大腦也變得更容易誘發它們。比方說，當你學習一個新單字時，你必須重複幾次才能掌握要領。稍後再回想起這個單字時，你必須活化相同的突觸，直到你最後不必刻意思考這個單字就能認識它為止。[4]

　　類似的過程也解釋了，當我們每天從 A 點開車到 B 點時，最後如何在毫無自覺的情況下完成旅程；或是為什麼同一道菜一旦煮過幾次，我們便不再需要查看食譜；或是為什麼我們每次想進行任何心智工作，它都會變得愈來愈容易。慣性行為能藉由一再反覆來加以掌握，並使這個活動成為第二天性。

　　我們執行必要之事的能力也能藉由練習而改善，就像任何其他的能力一樣。想想你必須在工作上執行某個關鍵任務的第一次。起初你感覺像個菜鳥。你大概覺得沒把握又侷促不安。努力專注耗盡了你的意志力。決策疲勞趁虛而入。你或許很容易就分散了注意力。這是完全正常的。可是一旦你一遍又一遍地執行任務，你就會得到信心。你不再岔開思路。你能用較少的專注和努力更好、更快地執行任務。這種慣例的力量產生自我們的大腦，它有能力全然接管一切，直到這個過程變得完全無意識為止。

　　慣例還有另一種認知上的優勢。一旦心智工作轉移至基底核（basal ganglia），心理空間就會空出來專注於新的事物。這使我們能以自動飛航模式執行一個必要活動，同時積極埋首於另外一個，卻不必犧牲我們專注或貢獻的程度。「事實上，大腦的工作量開始愈變愈少，」《為什麼我們這樣生活，那樣工作？》（*The Power of Habit*）一書的作者查爾斯・杜希格（Charles Duhigg）表示，「大腦幾乎可以完全關閉……而這是

真正的優勢，因為這代表你可以把所有的心理活動投注在別的事情上。」⁵

對某些人而言，慣例聽起來就像讓創意和創新枯萎的地方──是無聊乏味的終極實踐。在「對我而言，它已經成了例行公事」這個句子裡，我們甚至把它當成了**呆板**和**枯燥**的同義字。慣例的確可能變成這樣──我指的是錯誤的慣性行為。但正確的慣性行為卻能給我們等量的能量回饋，進而強化創新和創意。不要把限量供應的紀律花在屢屢做出相同的決定上，而是要將我們的決定嵌入慣性行為，讓我們得以將紀律導向一些其他的必要活動。

米哈里・奇克森特米海伊在創造力方面所做的研究證實，具有高度創造力的人會利用嚴格的慣例空出他們的頭腦。「大多數有創造力的人很早就發現自己睡覺、吃飯和工作的最佳節奏，並對此奉行不渝，即使他們並不喜歡，」米哈里說，「他們穿舒適的衣物，跟合得來的人互動，只做自認為重要的事。當然，這種特質對那些必須和他們打交道的人而言並不討喜……但個人化的行為模式卻有助於將心靈從渴求關注的期望中釋放出來，使之能完全專注在有意義的事情上。」⁶

矽谷最創新的公司之一，有一位執行長的慣例乍看之下似乎既無聊又扼殺創意。他每週主持一次從早上九點開始的3小時會議。它**不曾**取消，也不曾改期。它是強制性的──即使在這個全球性的公司裡，所有的主管也都知道，絕不能安排任何

與會議衝突的出差行程。週一上午九點一到，人人都得出席會議。這是紀律。乍看之下這沒有什麼獨特之處。但獨特的**是**來自於這種例行會議的構想品質。由於執行長已經排除了規劃會議、考慮誰會出席或誰不會出席的心理成本，因此大家可以專注在有創意的解決方案上。而他的團隊在想出有創意、具創造性的想法和解決方案上，確實顯得自然而然又輕而易舉。

正確慣例的力量

根據杜克大學的研究，我們有將近四成的選擇出自於深度的無意識。[7] 就一般意義而言，我們不會想著它們。這麼做其實危險和機會並存。機會在於，我們可以發展出最後將成為本能的新能力。危險則在於，我們可能養成適得其反的慣性行為。缺乏充分的覺察，我們會困在不必要的習慣裡──像是每天早上一起床就檢查電子郵件、每天下班回家途中都買一個甜甜圈，或是把午餐時間花在滾動網頁上，而不是利用這段時間去思考、反省、充電，或是與朋友和同事聯絡感情。所以，我們該如何捨棄使我們困在非必要習慣上的慣性行為，並以使執行必要之事輕鬆自如的慣性行為取而代之呢？

詳查你的起動器

我們多數人都有一個想改掉的舉止習慣，無論是少吃垃圾

食物、少浪費一些時間，或少操一些心。可是當我們嘗試時，卻發現哪怕是改變最簡單、最微不足道的習慣，也困難到令人驚訝不安的地步。似乎總有一股引力無情地將我們拉回那些炸薯條的溫暖懷抱、那個有傻貓照片的網站，或是對超出我們掌控範圍的事情憂心忡忡。我們該如何抵抗這些習慣的強大魅力呢？

在關於《為什麼我們這樣生活，那樣工作？》一書的訪談中，查爾斯‧杜希格表示：「過去十五年來，我們已經認識到習慣是怎麼運作的，以及要如何改變它們。科學家解釋，每一個習慣都是由提示、慣性行為和獎酬所組成。提示是命令大腦進入自動模式並採用哪種習慣的起動器。接著是慣性行為（也就是行為本身）。它可以是身體的、心智的或情緒的。最後則是獎酬，它能協助大腦計算出這個特定習慣是否值得為了將來而記下。經過一段時日，當提示和獎酬在神經方面變得更加糾結時，這個循環（提示、慣性行為、獎酬、提示、慣性行為、獎酬）就會變得更自動自發。」[8]

這句話的意思是，如果我們想改變慣性行為，我們其實不需要改變那個行為。相反地，我們必須找出引發這個非必要活動或行為的**提示**，並找出一個能將同一個提示和某件必要之事聯想在一起的方法。例如：如果下班回家途中經過的那間麵包店會促使你買下一個甜甜圈，下次你再經過那間麵包店時，就用那個提示提醒自己去對街的熟食店買一份沙拉。或者，如果

早上響起的鬧鐘會促使你去檢查電子郵件，就把它當成起床閱讀的提示。一開始，克服想在麵包店停車或檢查電子郵件的誘惑是很難的。但每當你執行新的行為（每當你拿起沙拉）時，都會在腦中強化這個提示和新的行為之間的連結，很快地，你便會**下意識又自動自發地**執行新的慣性行為了。

創造新的起動器

假使目標是創造某些行為上的改變，我們就不能只侷限在既有的提示上；我們可以創造全新的提示來引發一些必要慣例的執行。我運用這個技巧養成了每天寫日記的慣例，它對我相當有效。有很長一段時間我只是偶爾寫寫日記。我會拖上一整天，晚上還會找藉口說「我明天早上再寫」。但無可避免的是，我還是不會動筆，於是隔天晚上我必須連寫兩天份，而這令人難以招架。因此我會再次拖延，日復一日。接著，我聽說某人養成了每天在固定時間寫幾行字的慣性行為。這看起來像個容易管理的習慣，但我知道我需要一些提示來提醒自己每天在特定的時間寫日記，否則我會像以往一般繼續拖延下去。因此我開始把日記本裝進提袋，緊挨著我的手機。如此一來，我每天晚上從提袋裡把手機拿出來充電時（這已經是個根深柢固的習慣了），就會看見日記本，而這會提示我在裡面寫點東西。現在它成了一種本能，就像天生的一樣，而我對它充滿了期待。這個慣例已經持續十年了，我幾乎沒有一天漏掉。

先做最困難的事

雷・辛（Ray Zinn）是Micrel的創辦人暨執行長，這是一間位於矽谷的半導體公司。他在許多方面和一般人的想法背道而馳。他七十五歲，卻待在通常只讚揚二十來歲大學輟學生的業界和城市裡。1978年，他和事業夥伴投資30萬美元開了這間公司，而成立以來它每一年都持續獲利（合併兩組生產設備的那一年除外）。股票公開上市後，它的股價從未低於首次公開發行的價格。雷將成功歸因於他們紀律嚴明地專注於獲利能力。他已經在這間公司當了三十五年的執行長，而雷在這段期間一直遵循著始終如一的慣例。他每天清晨五點半起床，包括週六和週日（他已經持續了超過半世紀之久）。接著他會運動1小時，在七點半吃早餐，並在八點十五分抵達公司。晚上六點半他會和家人共進晚餐，十點整一定上床睡覺。但雷之所以能在最高程度的貢獻上執行任務，其實是因為他一整天的慣性行為只受單一規則所支配，也就是：「先專注在最困難的事情上。」畢竟，正如雷告訴我的：「我們要考慮的事情太多了。為何不建立一套慣例讓自己少操一些心呢？」

運用上述訣竅，養成一大早先做最困難事情的慣例吧。找一個提示──無論它是你桌上的第一杯柳橙汁、手機裡設定的鬧鈴，或是你習慣一大早就做的第一件事──讓它促使你坐下來，並專注在最困難的事情上。

混合你的例行工作

　　日復一日，在同樣的時間做同樣的事確實令人乏味。為了避免這種慣性疲勞，我們可以在一星期的不同日子裡有不同的例行工作。Twiter和Square的共同創辦人傑克‧多爾西在每週例行工作上的做法很有意思。他將一週劃分成好幾個主題。週一用來開管理會議和「經營公司」。週二用來做產品開發。週三用來行銷、溝通和成長。週四給開發人員和合作夥伴。週五給公司和公司文化。[9]這套慣例有助於為一片混亂的高成長新創公司帶來平靜。這能使他每天將精力聚焦在單一主題上，而不是感覺被拉進所有的事情裡。他每個星期都毫無例外地堅守這個慣例，久而久之大家都了解他的做法，於是便開始按照這套慣例來安排會議和提出請求。

逐一處理你的慣性行為

　　可惜的是，我們會被慣性行為的特質所吸引，以致於很想試圖同時檢討諸多慣例。但正如我們在上一章學到的，想獲得卓越的成果必須先從小地方著手。因此，不妨在每天或每週的例行公事中做改變，然後從那兒逐步累積自己的進展。

　　我不想暗示以上任何一件事情是容易的。我們有許多不必要的慣性行為其實根深柢固又感情用事。它們因為某些強烈的情緒而淬鍊成形。認為我們只要彈個手指就能以新的慣例取而

代之未免太過天真。學習必要的新技巧向來不簡單。可是一旦掌握了它們，並使其不假思索地發生，我們便已贏得巨大的勝利，因為這個技巧將終身伴隨著我們。慣性行為也是如此。它們一旦適得其所，就能成為不斷給予的天賦才能。

第十九天

專注

當下，何者為重？

生命只存在於當下此刻。

你若放棄當下，就無法深刻活出日常生活的每個瞬間。

——一行禪師

過去三十六年來，賴瑞・蓋爾維克斯（Larry Gelwix）曾訓練「高地高中」的橄欖球隊贏得四百一十八場比賽，只輸過十次球，而且還拿下二十次的全國冠軍。他以這種方式形容自己的成功：「我們總是贏。」有像高地這樣的紀錄，他確實有權做出這種聲明。但他指的其實不只是自己的贏球紀錄而已。當他說「贏」（win）的時候，他同樣以這個字的貼切縮寫指出了一個問題，同時帶出了他對球員的期待，那就是：「當下，何者為重？」（What's Important Now?）

透過讓球員全神貫注並徹底聚焦在最重要的事情上——不是下週的比賽、明天的練習，或下一次進攻，而是**現在**——蓋爾維克斯幫助他們幾乎不費吹灰之力地贏球。但這是怎麼做到的呢？

首先，球員在整場比賽中會不斷應用這個問題。不是反覆思索出了差錯的前一次進攻，或是把心力耗費在擔心自己會不會輸球上——這兩種做法既無濟於事又缺乏建設性——賴瑞反而鼓勵他們只專注於自己**此時此刻**正在進行的比賽。

其次，「當下，何者為重」這個問題有助於讓他們對**自己的打法**保持專注。賴瑞認為，贏球有很大一部分取決於球員是專注在自己的比賽上，還是對手的比賽上。如果球員開始想著其他隊伍，便會失去焦點。無論有沒有意識到，他們會開始想用另一隊的方式打球。他們會變得心煩意亂、意見分歧。透過專注在**自己**此時此地的比賽上，他們便能在單一策略下團結一致。相對而言，這種程度的團結也會使他們在執行比賽計畫時變得毫無阻力。

本質上，賴瑞確實對輸贏採取了專準主義者的做法。一如他告訴球員的：「輸球和被痛宰是兩回事。被痛宰表示他們比你們好。他們更快、更強、更有天賦。」對賴瑞而言，輸球則是另一回事。它代表你失去焦點。它代表你沒有專注在必要的事情上。而這全都基於一個簡單卻強而有力的想法，亦即：想在最高程度的貢獻上執行任務，你就必須審慎地了解此時此地

的重點何在。

唯有現在

想想這該如何應用在自己的生活當中。你是否曾陷入不斷重溫過往錯誤的困境。一遍又一遍，像錄放影機一樣卡在永無止盡的重播之中？你是否曾將時間和精力耗費在擔憂未來上？你是否曾將更多時間耗費在思考你無法控制的事情上，而不是那些你能控制，而且你的努力至關重要的領域上？你是否曾發現自己忙著在心裡準備下一場會議、下一個任務，或人生中的下一個篇章，而不是全神貫注於目前的這個？執迷於過往的錯誤，或對眼前可能出現的事情感到壓力，是人之常情。但耗費在擔憂過去或未來的每一秒，都會使我們從此時此地最重要的事情上分散注意力。

古希臘人有兩個關於時間的字。第一個是chronos。第二個是kairos。希臘神祇克羅諾斯（Chronos）被想像成一名頭髮花白的年長男性，而他的名字讓人直接聯想到滴答作響的時鐘，有先後順序的物理時間，就是我們用來測量（和試圖比賽誰有效率）的那種。Kairos則有所不同。儘管很難精確地翻譯，但它指的是適時、正確又有所分別的時間。Chronos與數量有關；Kairos與品質有關。後者只有當我們全然活在當下（只存在於**此時此刻**）時，才能體會得到。

要認為我們實際上曾經擁有的只有現在，確實令人費解。就字面上的意義而言，我們無法控制未來，只能控制現在。當然，我們從過去學習，也可以想像未來。但只有在此時此地，我們才能實際執行真正要緊的事。

非專準主義者往往想著過去的成敗和未來的挑戰及機遇，卻因此錯過了當下此刻。他們變得心煩意亂，失去焦點。他們其實心不在焉。

專準主義者之道則是與當下協調一致。他們在雋永的時光中體驗人生，而不是過一天算一天。他們專注在真正重要的事情上──不是昨天或明天，而是現在。

非專準主義者	專準主義者
腦袋裡轉著關於過去或未來的事	心只專注於當下
想著昨天或明天的重要事項	與現在的重要事項協調一致
擔憂未來或對過去感到壓力	享受此刻

最近安娜和我在一個繁忙的週間中午共進午餐。見面吃飯時，我們通常忙著了解彼此在上午發生的事情，或規劃當晚的活動，卻忘了享受在此時此地共進午餐的舉動。因此這一次，當食物送上來時，安娜提議做個實驗，就是：我們應該只專注於當下。不重溫我們上午的會議，不討論誰要去空手道教室接小孩，或晚上要煮什麼當晚餐。我們應該細嚼慢嚥、從容不迫

地徹底專注於當下。我百分之百樂於嘗試。

當我慢慢吃進第一口時，有件事情發生了。我注意到自己的呼吸。接著在並非刻意的情況下，我發現呼吸漸漸變慢。突然間，時間本身彷彿慢了下來。我不覺得自己的身體在一處，頭腦卻在其他各處，反而覺得自己的頭腦和身體徹底地處於當下。

這種感覺陪伴我進入下午，那時我注意到另一個變化。我沒有被雜念干擾，反而能將全付心力集中在工作上。由於我心平氣和又專注於手邊的工作，因此每個任務都能自然而流暢地進行。我沒有像平常的狀態一樣，將心力分散在許多只能擇一的主題上，我的狀態反而是專注在當下最重要的主題上。把工作完成不僅變得更不費力，實際上還給了我樂趣。在這種情況下，對頭腦有益的事情同時也對靈魂有益。

小野二郎是全世界最偉大的壽司師傅，也是大衛・賈柏（David Gelb）所執導的電影《壽司之神》（*Jiro Dreams of Sushi*）的拍攝主題。[1]八十五歲高齡的他已經做了幾十年的壽司，對他而言，製作壽司的技藝確實已經駕輕就熟。但他的故事談的不只是練習和經驗如何讓人融會貫通。如果觀察他工作，你會看見一個全然處於當下的人。

專準主義者一輩子都以這種方式生活。因為這麼做，他們可以將全副精力用於手頭上的工作。他們不會讓自己的努力被

雜務給分散。他們知道，只要下了工夫，執行自然容易；如果不下工夫，執行自然困難。

多工與一心多用

從史丹佛畢業幾年之後，我遇見一位老同學。他過來跟我打招呼時，我正在校區的一間辦公室裡操作電腦。寒暄了1分鐘以後，他告訴我他正在待業中。他稍微解釋了一下他想找的工作，然後問我能不能幫他。我開始問他一些問題，看看我能幫上什麼忙，可是才談20秒正事他就收到手機簡訊，而且一聲不吭地開始低頭回覆。我做了在發生這種情形時我通常會做的事，就是停下來等他。

10秒過去。然後是20秒。當他繼續狂發簡訊時，我只是呆站在那兒。他什麼也沒說，連招呼也不打一個。出於好奇，我等著看這會花多少時間。但整整2分鐘以後——當你站著等一個人的時候，這是相當長的時間——我放棄了，我走回自己的辦公桌，回頭去做我的工作。5分鐘後他再次出現，然後第二次打斷我。現在他想接續剛才的對話，再次要求我幫他找工作。原本我已經準備要推薦一個我知道的職缺給他，不過在這次事件後，我承認我對推薦他去面試感到有些猶豫，因為他可能會突然分神：也許他人是在那兒，可是卻心不在焉。

這時候，你可能會期待我開始談論關於多工的邪惡——關於真正的專準主義者絕不會試圖同時做一件以上的事情。但事實上，我們可以輕易地同時做兩件事情，像是：邊洗碗邊聽收音機，邊吃飯邊聊天，邊清辦公桌上的雜物邊想著要去哪裡吃午餐，邊看電視邊發簡訊等等。

我們做不到的，是同時**專注**在兩件事情上。當我談到全神貫注時，我談的不是一次只做一件事情。我談的是一次只專注在一件事情上。多工本身不是專準主義之敵；假裝我們可以**「一心多用」**才是問題所在。

如何全神貫注

我們該怎麼做，才能全神貫注在眼前的事情上呢？以下是一些可以考慮的簡單技巧。

釐清當下何者為重

最近我去紐約替一個主管團隊上專準主義的全天課程。我非常享受那一天，而且自始至終都覺得全神貫注。但回到房間之後，我突然覺得方寸大亂。周遭的一切都在提醒我，我有一堆事情要忙，我可以去檢查郵件、聽取留言、讀一本我覺得有義務要讀的書、準備幾週後的提案、錄下產生自當日體驗的有趣想法等等。令我不知所措的不只是事情千頭萬緒而已，而是

許多工作爭先恐後所造成的熟悉壓力。當我覺得焦躁不安的情緒升高時，我停了下來。我跪在地上閉著雙眼問道：「**當下，何者為重？**」反省片刻之後我意識到，在我知道現在最重要的是什麼之前，現在最重要的就是弄清楚現在最重要的是什麼！

我站起來收拾東西，把所有散落在身旁的物品擺回適當的位置，如此一來，它們就不會使我分心，也不會在我每次經過時逼我聽命行事。我關掉手機。在我和有能力發簡訊給我的人之間設下一道屏障，確實令我如釋重負。我打開日記本，寫下關於當天的事。它能使我集中精神。我用鉛筆將腦袋裡的思緒列成清單，然後透過問自己「你要做什麼才能安心睡覺？」來釐清重點。我決定，最要緊的事情是跟老婆、小孩聯繫，然後做幾件能讓我在隔天上午的頭幾個小時盡可能輕鬆的事，像是：安排電話叫醒和早餐客房服務、將幻燈片載入電腦，以及熨好襯衫。我劃掉了當時不重要的事。

在面對許多工作和義務，而你不知該從何著手時，先停下來。做個深呼吸。沉浸在當下，並問自己這一秒最重要的是什麼，而不是明天或1小時後最重要的是什麼。如果你無法確定，就把爭奪你注意力的一切全列出來，然後劃掉所有**現在**不重要的事。

把未來趕出你的頭腦

把未來趕出頭腦，能讓你更充分地專注於「當下，何者為

重」。在這種情況下，我的下一步是坐下來，列出那些可能一直很重要的事——只不過不是現在。因此，我會打開日記本的另一頁。這一次，我問自己：「有朝一日，你會因為今天的經歷而想做些什麼嗎？」這不是要你列出堅定的承諾，只是把腦袋裡的所有想法趕出來，然後寫在紙上的一種方法。這麼做有兩個目的。首先，它能確保我不會忘記這些想法，稍後可能會證明它們是有用的。其次，它減緩了我必須立刻聽命行事的壓力和令人分心的感覺。

排定優先次序

接著，我會替清單排定優先次序，然後逐一處理「當下，何者為重」清單上的每個項目。我只是平靜地做完清單上的事，而且每做完一件就刪掉一件。等到要上床睡覺時，我不但做完了必須在那一刻執行的所有事情，我還執行得更好、更快，因為我很專注。

停下來，重振精神

房地產服務公司「萊坊」（Cornish & Carey Commercial/Newmark Knight Frank）的執行副總裁傑弗瑞・羅傑斯（Jeffrey A. Rodgers）曾學到一個「停下來，重振精神」的簡單概念。起因是傑弗瑞意識到，他每晚開車回家時心裡仍惦記著工作上

的案子。我們都明白這種感覺。我們的身體可能離開了辦公室，但大部分的心思還留在那裡，因為我們的頭腦被困在無止盡的迴圈中，不斷重播今天的事件，並擔憂著隔日必須完成的所有工作。

因此，他現在一接近家門就會應用他稱之為「停下來，重振精神」的技巧。這個技巧很簡單，就只是暫停一會兒，閉上雙眼，慢慢做一次深沉而緩慢的呼吸。當他吐氣時，他讓工作上的問題離開。這能讓他在穿過大門、走向家人時更專心一致。

一行禪師，這位被稱為「世界上最冷靜的人」的越南禪宗僧侶，一輩子都在探索如何活在當下，儘管名稱不同。他以正念或維持「初心」來教導世人，他寫道：「正念能協助你回到當下。每當你回到當下並認出你擁有幸福的條件時，幸福就來了。」[2]

專注地活在當下也影響了他的行事作風。他每天花整整1小時和其他的僧侶喝茶。他解釋：「假設你正在喝一杯茶。當你拿起杯子時，你可能會想要吸氣，把你的心帶回你的身體，然後變得全神貫注。當你真的身心合一時，別的東西也會在那兒——由那杯茶所體現的人生。」那一刻的你是真實的，那杯茶也是真實的。你沒有迷失在過去、未來、你的專案和你的擔憂之中。你擺脫了所有的苦惱。而在這種自由自在的狀態下，你享用你的茶。這就是幸福而平靜的時刻。

　　注意你一整天下來所度過的雋永時光，並將之寫進日記裡。想想是什麼促成了那一刻，而帶你離開那一刻的又是什麼。現在你知道如何促成那一刻了，請試著重新創造它吧。

　　訓練自己與當下協調一致，不僅能讓你達成更高程度的貢獻，還能使你更加快樂。

第二十天

存在

活出「精・簡・準」的人生

小心貧瘠的忙碌人生。

——蘇格拉底（Socrates）

　　一切都始於他在英國學習成為一名辯護律師之際。出身自富裕家庭，事業又前程似錦，他的未來看似一片光明。他每天都帶著篤定的感覺醒來。他清楚自己的主要目標：準備成為一名法律專業人士，然後過著愜意的生活。但他抓住遊歷世界的機會，於是一切都改變了。

　　甘地前往南非，目睹了當地的壓迫。突然間，他發現一個更遠大的目標，亦即：解放各地受壓迫的人民。

　　他專心致志於新目標，並排除生活中其餘一切，稱這個過程為「替自己歸零」。[1] 他穿著自家紡織的印度土布，並激勵追隨者起而效之。他有三年不讀任何報紙，因為他發現報導內容

只會替生活平添不必要的困惑。他花了三十五年實驗簡化飲食的方法。[2]他每週禁語一天。說他迴避消費主義算是輕描淡寫了，因為他過世時擁有的物品少於十樣。

當然，更重要的是，他一生致力於協助印度人民爭取獨立。他刻意不擁有任何形式的政治職務，卻成了印度公認的「國父」。但他的貢獻及影響力遠遠超越國界。一如美國國務卿馬歇爾（George Marshall）將軍在甘地離世時所言：「聖雄甘地是人類道德良知的代言人，他能使謙卑和真理的力量戰勝帝國。」[3]愛因斯坦則補充：「後世子孫將很難相信，像這樣的人曾以血肉之軀在世間行走。」[4]

甘地度過了至關緊要的一生，這句話無可爭論。

當然，我們無須試圖複製甘地——一個充分徹底以專準主義者身分生活的人——才能從他的榜樣中受益。我們都能清除生活中不必要的事物，並擁抱專準主義者之道——以我們自己的方式、自己的時間，以及自己的尺度。我們都能過不僅簡樸，而且具有高度貢獻和意義的生活。

專準生活

關於專準主義的思考方式有兩種。第一種認為它是**偶一為之**的事。第二種認為它是自己的化身。在前者的思考方式中，專準主義只是可以加進你已經填滿各種事物的生活中的另一樣

東西。在後者的思考方式中，它則是與眾不同──更簡單──的行事作風。它成了一種生活方式。它成了一種在生活和領導方面無所不包的做法。它成了我們個人本質的精髓。

專準主義在許多靈性和宗教傳統中具有深厚的根基。釋迦牟尼佛拋下了王子的身分追求苦行生活。這使他走向開悟並促成了佛教的誕生。同樣地，猶太教產生自摩西的故事，他身為被領養的埃及王子，卻拋下了富裕的生活，住在曠野中當牧羊人。他就是在那兒遇見了燃燒的荊棘，進而發現自己帶領以色列人脫離奴役的重要使命。先知穆罕默德過著精簡的生活，他修補自己的鞋子和衣服，替自己的山羊擠奶，還教導伊斯蘭追隨者做同樣的事。施洗者約翰的生活方式也是簡樸的縮影──他住在沙漠裡，穿著駱駝毛所織的衣服，而且土地上長什麼就吃什麼。貴格會這類基督教團體同樣堅守信仰中的專準主義者要素：例如他們會實踐致力於精簡生活的「簡樸聲明」。當然，耶穌更是以木匠的身分過日子，後來傳道時也過著沒有財富、政治職務或物質財產的生活。

縱觀歷史，我們可以看見「少，但是更好」的人生觀反映在其他知名人士的生活中──宗教與世俗皆然，我舉幾個例子就好：達賴喇嘛、賈伯斯、托爾斯泰、麥可‧喬丹、巴菲特、德蕾莎修女和梭羅（他寫過：「我確實相信簡樸。但教人驚訝和悲傷的是，就連最有智慧的人也認為他一天之中有許多瑣事必須打理；⋯⋯因此，請簡化生活的難題，把必要和真實區分

開來。」）[5]。

的確，我們可以在各種人為努力的佼佼者中發現專準主義者。他們包括宗教領袖、新聞工作者、政治家、律師、醫生、投資者、運動員、作家和藝術家。這些人以許多不同的方式做出最大的貢獻。但他們的共通點是：對「少，但是更好」這個概念不會光說不練。他們已經**審慎地選擇要徹底擁抱專準主義者之道了。**

無論我們做什麼工作、身處哪一種領域或業界，我們都能選擇做同樣的事。

這本書讀到這裡，但願你已經學會並吸收了所有專準主義者的核心信念和技巧。這一章，正是你踏出最後一步並學習如何運用這些技巧的時刻。不要只是偶爾練習專準主義而已，而是要**成為**一名真正的專準主義者。

專做重要的事

在碰巧應用了專準主義者做法的非專準主義者，以及對非專準主義者做法偶爾故態復萌的專準主義者之間，存在著很大的差異。問題在於，「哪一個是你的主要身分？哪一個是你的次要身分？」我們多數人心裡都有一名小小的專準主義者和一名小小的非專準主義者，但問題是，哪一個才是你的核心身分？

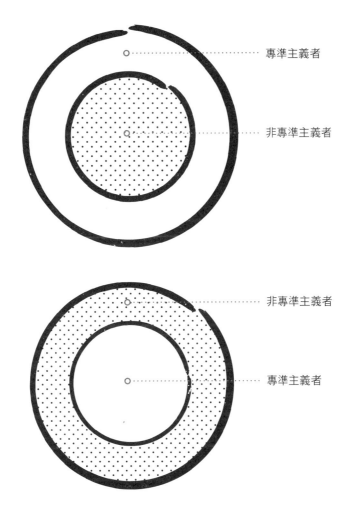

專準主義者

非專準主義者

非專準主義者

專準主義者

　　以專準主義為核心的人，投入心力的成果將遠超過那些只
在表面上理解的人。事實上，它的好處會日積月累。我們為了
追求必要之事和排除非必要事物所做的每一個選擇，都能讓自

己更上一層樓，這會使我們對這個選擇愈來愈習以為常，直到它幾乎變成第二天性為止。時間一久，內在核心將逐步向外擴張，直到它遮蔽我們仍陷在非必要事物中的部分。

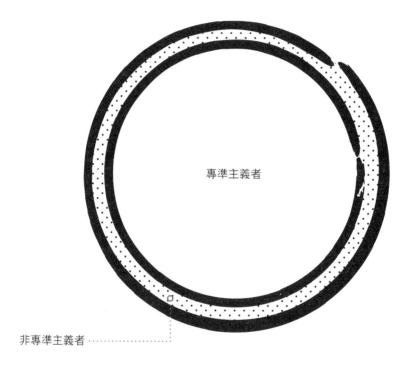

專準主義者

非專準主義者

我們很容易陷入第一章所討論的「成功悖論」。我們有明確的目標，而它會引領我們邁向成功。但我們的成功卻會使自己得到新的選項和機會。這聽起來是一件好事，但請記住，這些選項會不經意地干擾、誘惑、吸引我們。原本清晰的思緒變

得一片混沌，我們很快就會發現自己忙到分身乏術。現在，我們不僅無法做出最高程度的貢獻，反而像多頭馬車一樣進展遲緩。最後，成功成了失敗的催化劑，而脫離這個循環的唯一出路，就是專準主義者之道。

但專準主義者之道不僅與成功有關；它也與活出有意義、有目標的人生相關。當回顧自己的事業和生活時，我們是寧可看到一長串其實不太重要的「成就」清單，還是只列出幾項具有真正意義和重要性的主要成就？

如果你讓自己徹底地擁抱專準主義──而且無論在家中或職場的每一件事情上都身體力行──它就能成為你看待和了解這個世界的方法。你可以深刻地改變思維，使我們討論過的專準主義者練習和許多你將逐漸養成的其他習慣，變得自然而然又出於直覺：

當這些想法令人感同身受時，它們便承擔了這股改變你的力量。

　　希臘人有一個字叫metanoia，意思是心的轉化。我們往往認為轉化只發生在頭腦裡。但正如俗語所說：「一個人的**心**如何思量，他為人就是如何。」[6]一旦專準主義的精髓進到我們心裡，專準主義者之道便能成為我們的本質。我們會成為一個不同的、更好的自己。

　　一旦你成了專準主義者，你會發現自己和別人不太一樣。當別人說好時，你會發現自己說不。當別人工作時，你會發現自己正在思考。當別人說話時，你會發現自己正在傾聽。當別人在聚光燈下爭奪目光時，你會發現自己在場邊等待，直到發光的時刻來臨。當別人加長他們的履歷、建立他們的LinkedIn檔案時，你正在打造有意義的事業。當別人抱怨（讀做：吹牛）自己有多忙時，你只會同情地報以微笑卻無法認同他們的處境。當別人過著充滿壓力和混亂的生活時，你正過著充滿影響力和成就感的生活。在許多方面，**身為專準主義者在這個向來有太多事情可忙的社會中，正是一種安靜的革命行動。**

　　徹底以專準主義者的身分生活並不總是容易。在許多方面，我自己仍持續努力與它奮戰。當人們要求我做某件事情時，出於本能我還是會想取悅他們，即使我知道那件事情是不必要的。當有機會（特別是好的機會）上門時，我還是會在自己其實做不到時，陷入「我可以兩者兼顧」的想法。我還是得抗拒自己想查看手機的衝動；在我最嚴重的時候，我曾懷疑自己的墓碑上會不會刻著「他愛查看電子郵件」。我會是第一個

承認轉變不會在一夕之間發生的人。

儘管如此，時間久了我卻發現它愈來愈容易。說不的感覺沒那麼不自在了。決定也變得更加明確。排除不必要的事情變得更自然而然又出於直覺。我覺得更能掌握自己的選擇，就這一點而言，我的人生確實已經不再相同。如果你敞開自己的心和頭腦、徹底地擁抱專準主義，這些事情對你而言也會變得千真萬確。

今時今日，專準主義不只是我身體力行的某件事情而已。成為專準主義者是我正穩步達成的目標。起初它只是一些審慎的選擇，接著它漸漸成為一種生活方式，然後它從骨子裡徹底地改變了我。為了能做出更多貢獻，我幾乎每天都持續發現自己可以愈做愈少。

以下幾段短暫的時光，最能清楚說明身為專準主義者對我的意義。它意味著：

- 選擇和孩子在彈簧墊上玩摔角，而不是去參加聯誼活動。
- 選擇在過去一年間向服務國際客戶的工作說不，以便專心寫書。
- 選擇每週撥出一天不上任何社群媒體，如此一來，我才能把心思完全留在家裡。
- 選擇連續八個月每天清晨五點起床，一直寫到下午一

點，以便完成這本書。

- 選擇延遲一項工作的截止期限，以便陪孩子去露營。
- 選擇在出差時不看任何電視或電影，以便讓自己有時間思考和休息。
- 選擇固定把一整天花在當天的優先事項上，即使這表示待辦清單上的其他事情我一件也沒做。
- 選擇擱下我正在閱讀的小說，因為它不是今天的優先事項。
- 選擇在過去十年間幾乎天天寫日記。
- 選擇向一個演講機會說不，以便晚上能和安娜約會。
- 選擇把花在 Facebook 上的時間，換成固定跟我九十三歲的爺爺通電話。
- 選擇婉拒史丹佛近期提出的講師邀約，因為我知道，它代表我透過演講傳播專準主義的訊息和陪伴家人的時間會被占用。

這份清單還可以一直列下去，但我想講的重點是，專注在必要的事情上是一種選擇，而且是**你的**選擇。這件事本身就讓人如釋重負。

幾年前離開法學院後，我正決定該何去何從。有安娜充當我的軍師，我探索了幾十個，甚至幾百個不同的想法。接著，某天我們開車回家時我說：「我去史丹佛念研究所如何？」我

問過很多類似「假如……會如何？」的問題。那些想法通常不會持續太久。但這次我立刻覺得豁然開朗：在那一瞬間，甚至在我脫口而出時，我就是**知道**這對我而言是必要的歷程。

我會這麼確定自己走在正確的道路上，是因為我一想到要申請別的地方，那種明確的感覺便會消失無蹤。有好幾次，我開始填寫其他入學計畫的申請書，卻總是在幾分鐘後草草結束。我就是覺得不對勁。因此我集中心力只申請一所學校。我在等候這所大學的回音時，有不少其他的機會出現，其中一些還滿誘人的，可是我全部拒絕了。儘管還不確定自己會不會被錄取，但我並不感到焦慮或緊張，反而覺得平靜、專注，而且胸有成竹。

我只申請史丹佛——兩次都是。當我終於在第二次收到入學通知時，我非常清楚地知道，它對我而言是至關重要又非做不可的事。它是在對的時間走上對的道路。它是對專準主義者之道沉默而個人的認可。

如果我沒有選擇專準主義者的道路，我可能永遠不會追求「給我史丹佛，其餘免談」的策略。我可能永遠不會替《哈佛商業評論》撰稿。而且我最確定的一點是，我可能永遠不會寫下你正在閱讀、吸收，並希望你努力思索該如何融入個人生活的字字句句。

成為專準主義者是一個漫長的過程，但它的好處無窮無盡。以下是「有紀律地追求更少」讓生活更美好的一些方式。

更加明確

　　還記得我們在第一章討論過的衣櫃比喻嗎？當你持續清理生活的衣櫃時，你會體驗到**真正**重要的事情重新排出了次序。生活會變得和有效率地劃掉待辦事項，或匆忙處理時間表上的每件事情較不相干，反而和你起初改把什麼事情擺進去有關。每一天，你都比前一天更清楚，必要的事情遠比排在後面的下一件事重要得多。也因此，執行這些必要之事也就變得愈來愈輕而易舉。

更能掌控

　　你會在暫停、推辭或不倉促投入的能力方面獲得信心。你會愈來愈不覺得自己是他人待辦清單和工作事項上的一項功能。請記住，如果你不替自己的生活排定優先次序，別人就會代勞。但假使你決心替自己的生活排定優先次序，你一定可以。力量與你同在。它就在你的心裡。

更多旅程中的歡樂

　　藉由專注在**此時此刻**真正重要的事情上，徹底活在當下的能力將隨之出現。對我而言，活在當下最關鍵的好處，就是能創造出原本可能不存在的快樂回憶。我變得更常微笑，更珍視簡單，也更充滿喜悅。

正如另一位真正的專準主義者達賴喇嘛所言：「人若活得簡單，知足必會到來。簡單對幸福而言極為重要。」

精簡的生活：活出真正要緊的人生

專準主義者的生活是有意義的生活。是真正要緊的生活。

每當我需要提醒時，我都會想起一個故事。它和一個三歲女兒早夭的男人有關。在哀傷中，他為她短暫的小生命製作了一部影片。可是他看遍所有的家庭錄影帶後，卻明白缺了某個東西。他拍下了他們的每一次郊遊和每一次旅行。他有很多畫面——那不成問題。但隨後他便意識到，儘管他有很多家庭出遊的畫面——他們看過的景點，欣賞過的風景，享用過的美食，以及造訪過的地標——他卻幾乎沒有女兒本人的特寫畫面。他一直忙著拍攝周遭，卻忘了記錄不可或缺的主角。

在我撰寫本書的漫長旅程中，這個故事捕獲了兩個發生在我身上最個人的學習。首先是，家人在我生命中扮演極其重要的角色。說到底，其餘的一切相較之下都將逐漸消失成微不足道的東西。其次是，我們這輩子剩下的時間少得可憐。對我而言，這不是個洩氣的想法，反倒是個令人興奮的念頭。它能消除對選擇錯誤的恐懼。它能為我的內心注入勇氣。它能使我對如何運用寶貴的時間——**寶貴**這個字眼或許太過平淡——變得更加挑剔。我知道有人會在世界各地旅行時造訪墓園。起初我

認為這很奇怪，但現在我領悟到，這個習慣使他能持續關注自己有限的生命。

專準主義者的人生是毫無遺憾的人生。如果你已經正確地辨識出什麼才是真正要緊的事，如果你對它投入了時間和精力，那你就很難對自己所做的選擇感到後悔。你會變得以你選擇的人生為傲。

你會選擇去過有目標、有意義的一生，還是帶著遺憾的痛楚回顧一生？如果你能從這本書裡學會一件事，我希望你能記住這點，那就是：無論你在人生中面臨什麼樣的決定、挑戰或重大轉折，只要問問自己：「什麼是必不可少的？」然後再排除其餘的一切就行了。

如果你已經準備向內探尋這個問題的答案，那麼你就已經準備好要將專準主義者之道付諸實行了。

第二十一天

領導如何「精‧簡‧準」

永遠別懷疑一小群深思熟慮、獻身理想的公民能改變世界。

事實上，他們是唯一曾改變世界的人。

——瑪格麗特‧米德（Margaret Mead），人類學家

　　LinkedIn的執行長傑夫‧韋納視「少，但是更好」為最強而有力的領導機制。當他掌管這間公司時，他大可輕易採取矽谷多數新創公司的標準作業程序，並試圖追求一切。但他為了追求萬中選一的最佳機會，反而對許多很不錯的機會說不。他用FCS這個縮寫（亦即FOCUS）將他的人生哲學傳授給員工。這些字母代表的是「少，但是更好」（Fewer things done better）、「在對的時間向對的人傳達對的訊息」（Communicating the right information to the right people at the right time），以及「決策的速度和品質」（Speed and quality of decision making）。事實上，這正是專準領導的意義。

專準主義者團隊

　　做為一種思考和行動方式，專準主義與我們領導公司和團隊，以及我們生活的方式息息相關。事實上，我在本書中分享的許多想法，都是我和主管團隊共事時才逐漸明朗的。

　　從那時起，我便從超過五百人那兒收集到上千份關於團隊經驗的資料。我請他們回答一連串的問題，像是：在**團結**的團隊裡工作時有何體驗，經理扮演何種角色，以及最終的結果為何。接著，我請他們對照在**鬆散**的團隊裡工作時有何體驗，經理扮演何種角色，以及對最終成果的影響為何。

　　這項研究的結果令人吃驚：當目標具有高度的明確性時，團隊和組員會壓倒性地成長。當團隊的主張、目標和角色嚴重缺乏明確性時，人們則會經驗到困惑、壓力、挫折和最終的失敗。正如一位資深副總裁看著從旗下團隊收集而來的結果時所做的扼要總結：「明確，就等於成功。」

　　這只是「少，但是更好」的原則，在建立有影響力的團隊，以及使個人能活出舉足輕重的人生方面，同樣有用的許多原因之一。今日的團隊生活步調快速又充滿機會。當團隊同心協力時，有大量機會可能是一件好事。但團隊缺乏明確的目標時，如果無法分辨大量機會中有哪些是至關重要的，就會變得困難重重。意想不到的結果是，非專準主義經理人會試圖讓團

隊追求太多東西——他們自己也會試圖做太多事情——並導致團隊停滯不前。專準主義領導者則會做出不同的選擇。明確的目標使其能將「少，但是更好」應用在從選才到方向、職務、溝通、責任歸屬等每件事情上。也因此，團隊會變得團結一致，並且能夠突破至下一個階段。

專準主義者的領導要素

這本書讀到這裡，你已經認識了非專準主義者的思考缺陷，並將謬誤的邏輯以專準主義的基本真相取而代之。但專準主義不以個人為終點。假使你在任何組織中進行領導——無論是只有兩名同事的小組、五百名員工的部門，或是學校或社區裡的某個團體——你在旅程中的下一個階段，如果你願意的話，便是將同樣的技巧和思維模式應用在你的領導能力上。

	非專準主義者	專準主義者
思維模式	想滿足所有人。	少，但是更好。
才能	瘋狂雇人，造成「蠢才大爆炸」。	在選才方面極度挑剔，會解雇妨礙團隊的人。
策略	追求凡事皆為優先事項的騎牆策略。	透過回答「如果我們只能做一件事情，它會是什麼事情」來定義必要意圖。排除非必要的雜務。
授權	容許含糊不清的分工。決策反覆。	專注在每個團隊成員的最高職務和貢獻目標上。
溝通	以密語交談。	傾聽，以便了解必要資訊。

| 責任歸屬 | 緊迫盯人，或因為太忙而只做總檢查。 | 以溫和的方式確認大家的狀況，以便了解如何移除障礙，並贏得微小的勝利。 |
| 結果 | 像多頭馬車一樣進展遲緩的分裂團隊。有時既會擾亂組員的工作重點，又讓組員找不到人。 | 突破至下一個貢獻階段的團結團隊。 |

　　從這張圖表來看，將專準主義者的做法應用在領導的每一個重要面向上，其優點是相當明確的。儘管如此，讓我們再花點時間簡短地探討，以便更清楚究竟如何以專準主義者的身分進行領導。

在用人方面極度挑剔

　　非專準主義者往往會瘋狂又衝動地用人——然後為了解雇或重新訓練那些妨礙團隊的人，而變得忙亂不堪或心有旁騖。起初，大肆招聘似乎具有正當理由，因為必須維持成長的速度。但事實上，用錯一個人的代價遠高過短少一個人力。而用錯**太多**人的代價（用錯一個人通常會導致用錯更多人，因為錯的人往往會吸引更多錯的人）便是蓋伊・川崎（Guy Kawasaki）所謂的「蠢才大爆炸」（Bozo explosion）——他以這個名詞來形容先前很棒的團隊或公司在落入平庸時所發生的事。[1]

　　另一方面，專準主義者在選才方面則極度挑剔。他們會為完美的招聘堅守紀律——無論必須讀多少履歷、安排多少面

試，或進行多少徵才活動──而且毫不遲疑地解雇妨礙團隊的
人。結果便是一支充滿一流執行者的團隊，而他們發揮了一加
一大於二的成果（想更了解這個主題，請見第九章）。

持續討論，直到建立一個真正清楚的必要意圖為止

在缺乏明確目標的情況下，非專準主義領導者會對其策略
抱持騎牆態度：他們試圖追求太多目標，做太多事情。也因
此，他們的團隊成了多頭馬車而且進展遲緩。他們將時間浪費
在不必要的事情上，卻忽略了真正要緊的事（關於目標和必要
意圖的重要性，請見第十章）。這年頭有許多人在探討組織的
「協調一致」，而確實，團隊愈是協調一致，他們的貢獻就愈
大。明確的意圖能促成協調一致的組織；模糊的方向則每每製
造出不協調的組織。

選擇極致的授權

非專準主義者會透過容許含糊不清的分工，來剝奪他人的
權力。通常他們會以想成為靈活或敏捷的團隊之名來加以辯
解。但實際上創造出來的卻是虛假的敏捷。當人們不清楚自己
真正的職責為何，以及他們的表現會被如何評斷時；當決策反
覆或看似反覆時；當職務無法明確定義時，人們要不了多久便
會放棄。或者更糟的是，變得沉迷於試圖裝忙，讓自己看上去
很重要，但實際上卻未完成任何工作。

專準主義者了解，明確是授權的關鍵。他不容許職務上的籠統與含糊。他會確保團隊中的每個人都**真的**清楚他們被期待的貢獻，**以及**其他人正在貢獻些什麼。一位執行長最近便承認，他曾容許主管團隊含糊行事，進而導致整個組織停滯不前。為了修復損傷，他表示自己歷經了龐大的精簡過程，直到他只剩下四名直屬下屬，而且每個人在整個組織中都有明確的職責。

打破傳統的創業家暨風險資本家彼得‧提爾（Peter Thiel）將「少，但是更好」帶到了一個不尋常的層次。他堅持PayPal的員工在職務上只能選擇一個優先事項——而且只能專注在這件事情上。正如PayPal的主管基斯‧拉波伊（Keith Robois）所回憶的：「彼得要求每個人只能有一個優先任務。除了指派給你的首要任務，他幾乎拒絕跟你討論任何事情。就連我們2001年的年度審查表，也要求每位員工指出他們對公司最有價值的一項貢獻。」[2] 結果是，員工有權在清楚定義的職務範圍內，做任何他們覺得對公司的共同使命有高度貢獻的事。

在對的時間向對的人傳達對的事情

非專準主義領導者會以密語溝通，因此人們無法確定任何事情的**真正**意涵。非專準主義者的溝通若非經常籠統到難以執行，就是善變得教人猝不及防。另一方面，專準主義領導者則會在對的時間向對的人傳達對的事情。專準主義領導者說話簡

明扼要，為了讓團隊保持專注，他們溝通時不會言不及義。真
要說話時，他們則會說得一清二楚。他們會避免無意義的行
話，而且他們的訊息前後一致到讓人聽起來覺得乏味，如此團
隊才能從所有的瑣碎干擾中挑選出必要的事情。

經常確認狀況，以確保有意義的進展

非專準主義領導者在責任歸屬方面不太拿手。主要又顯而
易見的原因是，一個人追求的事情愈多，愈難將所有的事情貫
徹到底。事實上，非專準主義領導者可能會不經意地將下屬訓
練成完全不指望後續行動的人。反過來說，團隊成員也很快就
知道，失敗、便宜行事，或先挑簡單而非重要的事情做，不會
有什麼不良影響。他們知道，領導者宣稱的每一個目標只會被
強調一會兒，而且沒多久就會被其他的短暫興趣所取代。

專準主義領導者則會花時間弄清楚真正該做的事，並使後
續行動變得輕而易舉又毫無阻力。他經常確認狀況，獎勵微小
的勝利，並協助人們移除障礙。他會提高團隊的動機和專注
力，使他們能做出更有意義的進展（關於進展的力量，請見第
十七章）。

只要根據「少，但是更好」的原則進行領導，你的團隊就
能擴大他們集體貢獻的程度，並實現真正的卓越。

一如典型的專準主義者和深謀遠慮的領導者艾拉・帕特
（Ela Bhatt）──她留給世人的遺產包括：得到享譽盛名的甘

地夫人和平獎、創辦數十個致力於改善印度貧困婦女生活條件的機構等有意義的成就，而且被希拉蕊‧柯林頓（Hillary Clinton）列為她的個人英雌之一──所言：

> 在所有的美德當中，簡單是我的最愛。我甚至傾向於相信，簡單能解決大多數的問題，無論是個人或世界的問題。如果生活方式簡單，人就無須經常說謊，也無須爭吵、偷竊、嫉妒、憤怒、虐待和殺戮。人人都知足而有餘，便無須囤積、投機、賭博和仇恨彼此。個性美麗，你就美麗。這就是簡單之美。[3]

事實上，這正是以專準主義者的身分進行領導的美妙之處。

注釋

第一章：如何成為「精・簡・準」的人

1. 這個故事的另一個版本，發表在我為《哈佛商業評論》所寫的部落格文章中，標題為〈如果你不替自己的生活排定優先次序，別人就會代勞〉（If You Don't Prioritize Your Life, Someone Else Will）。文章發表於2012年6月28日，請見：http://blogs.hbr.org/2012/06/how-to-say-no-to-a-controlling/。

2. 在我為《哈佛商業評論》所寫的部落格文章中，原本被稱為「明確的弔詭」（the Clarity Paradox），標題為〈有紀律地追求更少〉（The Disciplined Pursuit of Less）。文章發表於2012年8月8日，請見：http://blogs.hbr.org/2012/08/thedisciplined-pursuit-of-less/。我在本書的許多部分都採用了我替《哈佛商業評論》所寫的其他部落格文章。

3. Jim Collins, *How the Mighty Fall: And Why Some Companies*

Never Give In (New York: HarperCollins, 2009).（中文版《為什麼A+巨人也會倒下》由遠流於2011年出版。）

4. Peter Drucker, "Managing Knowledge Means Managing Oneself," *Leader to Leader Journal*, no. 16 (Spring 2000), http://rlaexp.com/studio/biz/conceptual_resources/authors/peter_drucker/mkmmo org.pdf.

5. Shai Danziger, Jonathan Levav, and Liora Avnaim-Pessoa, "Extraneous Factors in Judicial Decisions," *Proceedings of the National Academy of Sciences* 108, no. 17 (2011): 6889–92.

6. Bronnie Ware, "The Top Five Regrets of the Dying," *Huffington Post*, January 21, 2012, www.huffingtonpost.com/bronnie-ware/top-5-regrets-of-the-dyin_b_1220965.html. 我最初是將它寫在我為《哈佛商業評論》所寫的部落格文章中，標題為〈如果你不替自己的生活排定優先次序，別人就會代勞〉，文章發表於2012年6月28日，請見：http://blogs.hbr.org/2012/06/how-to-say-no-to-a-controlling/。

7. 同注2，〈有紀律地追求更少〉。

8. 同注2，〈有紀律地追求更少〉。

9. 彼得‧杜拉克在2005年4月11日與布魯斯‧羅森斯坦（Bruce Rosenstein）所做的訪談。布魯斯將訪談內容寫在他的著作中：*Living in More Than One World: How Peter Drucker's Wisdom Can Inspire and Transform Your Life* (San

Francisco, CA. Berrett-Koehler, 2009).

10. 2011年由維琪・艾布勒絲（Vicki Abeles）所執導的《力爭碰壁：美國卓越文化的黑暗面》（*Race to Nowhere: The Dark Side of America's Achievement Culture*，暫譯）是一部紀錄片，也是一個學校運動。用我自己的話來講，它對抗的是學校裡的非專準主義。他們正努力減少施加在孩子身上、不必要的課業負擔和壓力。他們的網站如下：www.racetonowhere.com/。

11. 這句話或類似的敘述被許多人引用過。艾米爾・葛夫荷（Emile Gauvreau）只是其中一例：「我就是那種可以被恰當描述如下的怪人：花了一輩子的時間做他們厭惡的事，賺他們不想要的錢，買他們不需要的東西，讓他們不喜歡的人留下深刻的印象。」上述這句話被引用於傑・弗里登柏格（Jay Friedenberg）的著作：*Artificial Psychology: The Quest for What It Means to Be Human* (New York: Taylor and Francis, 2010), 217.

12. Mary Oliver, "The Summer Day," in *New and Selected Poems*, vol. 1 (Boston: Beacon Press, 1992), 94.

第二章：懂得選擇

1. M. E. P. Seligman, "Learned Helplessness," *Annual Review of Medicine* 23, no. 1 (1972): 407–12, doi: 10.1146/annurev.

me.23.020172.002203.

2. William James, *Letters of William James*, ed. Henry James (Boston: Atlantic Monthly Press, 1920), 1:147; quoted in Ralph Barton Perry, *The Thought and Character of William James* (1948; repr., Cambridge, MA: Harvard University Press, 1996), 1:323.

第三章：懂得辨別

1. John Carlin, "If the World's Greatest Chef Cooked for a Living, He'd Starve," *Guardian*, December 11, 2006, http://observer.theguardian.com/foodmonthly/futureoffood/story/0,,1969713,00.html.

2. Joseph Moses Juran, *Quality-Control Handbook* (New York: McGraw Hill, 1951).

3. 我原本將它寫在我為《哈佛商業評論》所寫的部落格文章中，標題為〈一切幾乎都不重要〉（The Unimportance of Practically Everything）。文章發表於2012年5月29日。

4. Richard Koch, *The 80/20 Principle: The Secret of Achieving More with Less* (London: Nicholas Brealey, 1997)（中文版《80/20法則：迎接新世紀，最省力的企業成功與個人幸福法則》由大塊文化於1998年出版）；*The Power Laws* (London: Nicholas Brealey, 2000), published in the United

States as *The Natural Laws of Business* (New York: Doubleday, 2001)（中文版《業競天擇》由大塊文化於2001年出版）；*The 80/20 Revolution* (London: Nicholas Brealey, 2002), published in the United States as *The 80/20 Individual* (New York: Doubleday, 2003)（中文版《80/20個人革命：個人如何獨具創意，締造最大的財富與幸福》由大塊文化於2003年出版）；*Living the 80/20 Way* (London: Nicholas Brealey, 2004)（中文版《80/20生活經》由大塊文化於2005年出版）。

5. 華倫‧巴菲特的這句話被引用於《80/20個人革命：個人如何獨具創意，締造最大的財富與幸福》一書中。

6. Mary Buffett and David Clark, *The Tao of Warren Buffett: Warren Buffett's Words of Wisdom* (New York: Scribner, 2006), no. 68.（中文版《看見價值：巴菲特一直奉行的財富與人生哲學》由先覺於2007年出版。）

7. 同注3，〈一切幾乎都不重要〉。

8. 對話發生在華盛頓西雅圖「比爾和米蘭達‧蓋茲基金會」一場我們都有出席的會議上。他正發表演說，後來我們小聊了幾分鐘。他證實他說過這句話或具有相同意思的話，而且他堅信那是真的。

9. John Maxwell, *Developing the Leader Within You* (Nashville, TN: T. Nelson, 1993), 22–23.

第四章：懂得取捨

1. "30-Year Super Stocks: Money Magazine Finds the Best Stocks of the Past 30 Years," *Money magazine*, October 9, 2002.

2. 〈赫伯・凱樂赫：在順境與逆境中運籌帷幄〉（Herb Kelleher: Managing in Good Times and Bad），史丹佛大學「層峰觀點」（View from the Top）系列講座訪談，2006年4月15日，www.youtube.com/watch?v=wxyC3Ywb9yc。

3. 麥可・波特，〈何謂策略？〉（What Is Strategy?），《哈佛商業評論》第74期，1996年第6期。

4. Erin Callan, "Is There Life After Work?" *New York Times*, March 9, 2013.

5. Judith Rehak, "Tylenol Made a Hero of Johnson & Johnson," *New York Times*, March 23, 2002, www.nytimes.com/2002/03/23/your-money/23iht-mjj_ed3_.html.

6. Michael Josephson, "Business Ethics Insight: Johnson & Johnson's Values-Based Ethical Culture: Credo Goes Beyond Compliance," *Business Ethics and Leadership*, February 11, 2012, https://www.jnj.com/our-heritage/8-fun-facts-about-the-johnson-johnson-credo.

7. 取材自索威爾於1992年對俄亥俄州立大學所發表的演說。

8. Stephanie Smith, "Jim Collins on Creating Enduring Greatness," *Success*, n.d., https://www.success.com/jim-collins-

on-creating-enduring-greatness/.

9. David Sedaris, "Laugh, Kookaburra," *The New Yorker*, August 24, 2009, www.newyorker.com/reporting/2009/08/24/090824fa_fact_sedaris.

第五章：逃離

1. Frank O'Brien, "Do-Not-Call Mondays."

2. Scott Doorley and Scott Witthoft, *Make Space: How to Set the Stage for Creative Collaboration* (Hoboken, NJ: John Wiley, 2012), 132.（中文版《Make Space：如何建立創意合作的舞臺》由馥林文化於2014年出版。）

3. Richard S. Westfall, *Never at Rest: A Biography of Isaac Newton* (Cambridge: Cambridge University Press, 1980), 105.

4. Jeff Weiner, "The Importance of Scheduling Nothing," *LinkedIn*, April 3, 2013, https://www.linkedin.com/today/post/article/20130403215758-22330283-the-importance-of-scheduling-nothing.

5. 在此我要感謝羅伯特・古斯（Robert A. Guth）以第一人稱撰寫了傑出的「比爾・蓋茲的思考週」，請見：Guth, "In Secret Hideaway, Bill Gates Ponders Microsoft's Future," *Wall Street Journal*, March 28, 2005, http://online.wsj.com/article/0,,SB111196625830690477,00.html.

第六章：留意

1. Nora Ephron, "The Best Journalism Teacher I Ever Had," *Northwest Scholastic Press*, June 18, 2013, www. nwscholasticpress.org/2013/06/18/the-best-journalism-teacher-i-ever-had/#sthash.ZFtUBv50.dpbs；伊佛朗也在〈找到重點〉（Getting to the Point）這篇散文中提及此事，文章收錄於：*Those Who Can ... Teach! Celebrating Teachers Who Make a Difference*, by Lorraine Glennon and Mary Mohler (Berkeley, CA: Wildcat Canyon Press, 1999), 95–96.

2. 美國航空安全網（Aviation Safety Network）的「航空安全資料庫」裡有關於這場意外的描述，請見：http://aviation-safety.net/database/，資料庫存取日期為2012年6月9日。

3. 請見電影《哈利波特：死神的聖物1》。

4. 「這場遊戲就是在淹水時讓他們拿著滅火器跑來跑去，然後全部擠到水位已經接近船舷下方的那一側船身。」請見：C. S. Lewis, *The Screwtape Letters* (San Francisco, CA: HarperCollins, 2001), 138.

5. "Young Firm Saves Babies' Lives," Stanford Graduate School of Business, June 7, 2011, https://www.gsb.stanford.edu/insights/embracing-way-change-world.

第七章：玩樂

1. Mihaly Csikszentmihalyi, *Flow, the Secret to Happiness*, TED talk, February 2004, video, www.ted.com/talks/mihaly_csikszentmihalyi_on_flow.html.

2. Sir Ken Robinson, *Bring on the Learning Revolution!*, TED talk, February 2010, video, www.ted.com/talks/sir_ken_robinson_bring_on_the_revolution.html.

3. Stuart Brown, *Play Is More Than Just Fun*, TED talk, May 2008, video, www.ted.com/talks/stuart_brown_says_play_is_more_than_fun_it_s_vital.html.

4. 被引用於史都華‧布朗的著作：*Play: How It Shapes the Brain, Opens the Imagination, and Invigorates the Soul* (New York: Avery, 2009), 29.（中文版《就是要玩：告訴你玩樂如何形塑大腦、開發想像力、激活靈魂》由樂果文化於2010年出版。）

5. Jaak Panksepp, *Affective Neuroscience: The Foundations of Human and Animal Emotions* (Oxford: Oxford University Press, 1998), 297.

6. 引用自愛因斯坦和普來許（János Plesch）之間的一段對話，收錄於普來許的著作：*János: The Story of a Doctor*, trans. Edward FitzGerald (London: Gollancz, 1947), 207.

7. Supriya Ghosh, T. Rao Laxmi, and Sumantra Chattarji,

"Functional Connectivity from the Amygdala to the Hippocampus Grows Stronger after Stress," *Journal of Neuroscience* 33, no. 38 (2013), abstract, www.jneurosci.org/content/33/17/7234.abstract.

8. Edward M. Hallowell, *Shine: Using Brain Science to Get the Best from Your People* (Boston: Harvard Business Review Press, 2011), 125.

9. 同前注，頁113。

第八章：睡眠

1. K. Anders Ericsson, Ralf Th. Krampe, and Clemens Tesch-Romer, "The Role of Deliberate Practice in the Acquisition of Expert Performance," *Psychological Review* 100, no. 3 (1993): 363–406, http://graphics8.nytimes.com/images/blogs/freakonomics/pdf/DeliberatePractice(Psychological Review).pdf.

2. 查爾斯‧柴斯勒，〈睡眠為競爭力之母〉（Sleep Deficit: The Performance Killer），由布朗溫‧傅萊爾（Bronwyn Fryer）訪談，《哈佛商業評論》，2006年10月，http://hbr.org/2006/10/sleep-deficit-the-performance-killer。（繁體中文版請見：https://www.hbrtaiwan.com/article_content_AR0000053.html）

3. Ullrich Wagner et al., "Sleep Inspires Insight," *Nature* 427

(January 22, 2004): 352–55. 另一項研究進一步證實了這個想法：Michael Hopkin, "Sleep Boosts Lateral Thinking," *Nature* online, January 22, 2004, www.nature.com/news/2004/040122/full/news040119-10.html.

4. Nancy Ann Jeffrey, "Sleep Is the New Status Symbol For Successful Entrepreneurs," *Wall Street Journal*, April 2, 1999, http://online.wsj.com/article/SB923008887262090895.html.

5. Erin Callan, "Is There Life After Work?," *New York Times*, March 9, 2013, www.nytimes.com/2013/03/10/opinion/sunday/is-there-life-after-work.html?_r=0.

第九章：嚴選

1. Derek Sivers, "No More Yes. It's Either HELL YEAH! or No," August 26, 2009, http://sivers.org/hellyeah.

2. "Box CEO Levie at Startup Day," *GeekWire*, September 24, 2012, https://www.youtube.com/watch?v=W99AjxpUff8.

3. 我原本將它引用於我為《哈佛商業評論》所寫的部落格文章中，標題為〈有紀律地追求更少〉，2012年8月29日，http://blogs.hbr.org/2012/08/the-disciplined-pursuit-of-less/。

第十章：釐清

1. 這個練習和本章的其他部分，原本刊載在我為《哈佛商業

評論》所寫的部落格文章中，標題為〈假使我再讀到一則充滿陳腔濫調的使命宣言，我就要尖叫了〉（If I Read One More Platitude-Filled Mission Statement, I'll Scream），2012年10月4日。

2. 在此我要感謝哈默爾（Gary Hamel）和普哈拉（C. K. Prahalad）在《哈佛商業評論》上所合寫的傑作〈策略性意圖〉（Strategic Intent），1989年5月，http://hbr.org/1989/05/strategic-intent/ar/1。他們以當時的日本公司為背景，而這些公司的長期意圖，便是傾全力讓公司超越現有的資源水平。我和人們及團隊共事一段時間後，證實這個想法確實有效，但我更動的部分已經足以用不同的方式來描述，因此便產生了必要意圖。

第十一章：膽量

1. Juan Williams, *Eyes on the Prize: America's Civil Rights Years*, 1954–1965 (New York: Penguin Books, 2002), 66.

2. Mark Feeney, "Rosa Parks, Civil Rights Icon, Dead at 92," *Boston Globe*, October 25, 2005.

3. Donnie Williams and Wayne Greenhaw, *The Thunder of Angels: The Montgomery Bus Boycott and the People who Broke the Back of Jim Crow* (Chicago: Chicago Review Press, 2005), 48.

4. "Civil Rights Icon Rosa Parks Dies at 92," CNN, October 25, 2005.

5. 有幾個不同的地方都分享過這個故事，但這則描述是取材自我在2012年與辛西亞・柯維所做的訪談。

6. Stephen R. Covey and Roger and Rebecca Merrill, *First Things First* (New York: Simon and Schuster, 1995), 75.（中文版《與時間有約：全方位資源管理》由天下文化於2004年出版。）

7. http://rozenbergquarterly.com/being-human-chapter-7-processes-of-social-influence-conformity-compliance-and-obedience/.

8. 被引用於：Howard Gardner, "Creators: Multiple Intelligences," in *The Origins of Creativity*, ed. Karl H. Pfenninger and Valerie R. Shubik (Oxford: Oxford University Press, 2001), 132.

9. 初次提及這點是在我為《哈佛商業評論》所寫的部落格文章中，標題為〈如果你不替自己的生活排定優先次序，別人就會代勞〉，2012年6月28日，請見：http://blogs.hbr.org/2012/06/how-to-say-no-to-a-controlling/。

10. 請見：*1993 Interview re: Paul Rand and Steve Jobs*, dir. Doug Evans, uploaded January 7, 2007, www.youtube.com/watch?v=xb8idEf-Iak. 賈伯斯分享了保羅・蘭德創造NeXT商標的過程。

11. Carol Hymowitz, "Kay Krill on Giving Ann Taylor

a Makeover," *Business Week*, August 9, 2012, www.
businessweek.com/articles/2012-08-09/kay-krill-on-giving-
ann-taylor-a-makeover#p2.

第十二章：取消承諾

1. "Concorde the Record Breaker," n.d., https://web.archive.org/
    web/20080511025908/http://www.concorde-art-world.com/
    html/record_breaker.html, accessed September 22, 2013; Peter
    Gillman, "Supersonic Bust," *Atlantic*, January 1977, www
    .theatlantic.com/past/docs/issues/77jan/gillman.htm.

2. Kenneth Owen (editor), "Concorde," ICBH Witness Seminar
    Programme (London: Institute of Contemporary British History,
    2002), 17. https://www.kcl.ac.uk/sspp/assets/icbh-witness/
    concorde.pdf.

3. Gillman, "Supersonic Bust."

4. Michael Rosenfield, "NH Man Loses Life Savings on Carnival
    Game," CBS Boston, April 29, 2013, http://boston.cbslocal.
    com/2013/04/29/nh-man-loses-life-savings-on-carnival-game/.

5. Daniel Kahneman, Jack L. Knetsch, and Richard H. Thaler,
    "Anomalies: The Endowment Effect, Loss Aversion, and Status
    Quo Bias," *Journal of Economic Perspective* 5, no. 1 (1991):
    193–206, https://scholar.princeton.edu/sites/default/files/

kahneman/files/anomalies_dk_jlk_rht_1991.pdf.

6. Tom Stafford, "Why We Love to Hoard ... and How You Can Overcome It," BBC News, July 17, 2012, www.bbc.com/future/story/20120717-why-we-love-to-hoard.

7. 我原本將它寫在我為《哈佛商業評論》所寫的部落格文章中，標題為〈有紀律地追求更少〉，2012年8月8日，http://blogs.hbr.org/2012/08/the-disciplined-pursuit-of-less/。

8. Hal R. Arkes and Peter Aykon, "The Sunk Cost and Concorde Effects: Are Humans Less Rational Than Lower Animals?" *Psychological Bulletin* 125, no. 5 (1999): 591–600, http://americandreamcoalition-org.adcblog.org/transit/sunkcosteffect.pdf.

9. James Surowiecki, "That Sunk-Cost Feeling," *The New Yorker*, January 21, 2013, www.newyorker.com/talk/financial/2013/01/21/130121ta_talk_surowiecki.

10. Daniel Shapero, "Great Managers Prune as Well as Plant," LinkedIn, December 13, 2012, www.linkedin.com/today/post/article/20121213073143-314058-great-managers-prune-as-well-as-plant.

第十三章：剪輯

1. Mark Harris, "Which Editing Is a Cut Above?" *New York Times*, January 6, 2008. 1980年，《凡夫俗子》贏得最佳影

片獎，但它的剪接師傑夫・凱紐（Jeff Kanew）並未提名最佳電影剪接獎。

2. Harris, "Which Editing."

3. "Jack Dorsey: The CEO as Chief Editor," February 9, 2011, video, uploaded February 15, 2011, www.youtube.com/watch?v=fs0R-UvZ-hQ.

4. Stephen King, *On Writing: A Memoir of the Craft*, 10th Anniversary ed. (New York: Pocket Books, 2000), 224.（中文版《史蒂芬・金談寫作》由商周於2006年出版。）

5. 在我為《哈佛商業評論》所寫的部落格文章中，我進一步探討了這個主題，標題為〈執行長們必須向蘋果學習的一件事〉（The One Thing CEOs Need to Learn from Apple），2012年4月30日。

6. 史蒂芬・金，同注4，前言。

7. 艾倫・威廉斯，〈何謂編輯？〉（What Is an Editor?），《編輯人的世界》（*Editors on Editing: What Writers Need to Know About What Editors Do*），傑若德・葛羅斯（Gerald Gross）主編，臺北：天下文化，1998。

第十四章：界限

1. 我更動了一些不重要的細節。

2. 以克雷頓・克里斯汀生在2013年時對史丹佛法學院學生的

談話為基礎。

3. Henry Cloud and John Townsend, *Boundaries: When to Say Yes, How to Say No* (Grand Rapids, MI: Zondervan, 1992), 29–30.（中文版《過猶不及：如何建立你的心理界限》由道聲於2001年出版。）

4. 我發現這個故事被引用在不少地方，例如：Jill Rigby's *Raising Respectful Children in an Unrespectful World* (New York: Simon & Schuster, 2006), ch. 6. 但我還沒找到這個故事的原始出處，因此只能把它當成趣聞來分享。

第十五章：緩衝

1. Guy Lodge, "Thatcher and North Sea Oil: A Failure to Invest in Britain's Future," *New Statesman*, April 15, 2013, www. newstatesman.com/politics/2013/04/thatcher-and-north-sea-oil-%E2%80%93-failure-invest-britain%E2%80%99s-future.

2. Dale Hurd, "Save or Spend? Norway's Commonsense Example," CBN News, July 11, 2011, www.cbn.com/cbnnews/world/2011/July/Save-or-Spend-Norways-Common-Sense-Example-/.

3. Richard Milne, "Debate Heralds Change for Norway's Oil Fund," FT.com, June 30, 2013, www.ft.com/cms/s/0/8466bd90-e007-11e2-9de6-00144feab7de.html!#axzz2ZtQp4H13.

4. 請見：Roland Huntford, *The Last Place on Earth: Scott and Amundsen's Race to the South Pole* (New York: Modern Library, 1999).

5. Jim Collins and Morten T. Hansen, *Great by Choice: Uncertainty, Chaos, and Luck—Why Some Thrive Despite Them All* (New York: Harper Business, 2011). （中文版《十倍勝，絕不單靠運氣：如何在不確定、動盪不安環境中，依舊表現卓越？》由遠流於2013年出版。）

6. Daniel Kahneman and Amos Tversky, "Intuitive Prediction: Biases and Corrective Procedures," *TIMS Studies in Management Science* 12 (1979): 313–27.

7. Roger Buehler, Dale Griffi n, and Michael Ross, "Exploring the 'Planning Fallacy': Why People Underestimate Their Task Completion Times," *Journal of Personality and Social Psychology* 67, no. 3 (1994): 366–81, doi:10.1037/0022-3514.67.3.366.

8. Roger Buehler, Dale Griffi n, and Michael Ross, "Inside the Planning Fallacy: The Causes and Consequences of Optimistic Time Predictions," in *Heuristics and Biases: The Psychology of Intuitive Judgment*, ed. Thomas Gilovich, Dale Griffi n, and Daniel Kahneman (Cambridge: Cambridge University Press, 2002), 250–70.

9. Stephanie P. Pezzo, Mark V. Pezzo, and Eric R. Stone, "The Social Implications of Planning: How Public Predictions Bias Future Plans," *Journal of Experimental Social Psychology* 42 (2006): 221–27.

10. Global Facility for Disaster Reduction and Recovery, "Protecting Morocco through Integrated and Comprehensive Risk Management," n.d., https://olc.worldbank.org/content/protecting-morocco-through-integrated-and-comprehensive-risk-management.（網頁存取日期為2013年9月22日。）

11. 他在這篇文章中也指出了十二個人們不願實行風險抵減的理由：Wharton Center for Risk Management and Decision Processes, "Informed Decisions on Catastrophe Risk," Wharton Issue Brief, Winter 2010, https://riskcenter.wharton.upenn.edu/wp-content/uploads/2019/07/WRCib2010a_PsychofNatHaz.pdf.

第十六章：減法

1. Eliyahu M. Goldratt, *The Goal: A Process of Ongoing Improvement* (Great Barrington, MA: North River Press, 2004), ch. 13, p. 94.（中文版《目標：簡單有效的常識管理》由天下文化於2012年出版。）

2. Sigmund Krancberg, *A Soviet Postmortem: Philosophical Roots of the "Grand Failure"* (Lanham, MD: Rowman and Littlefi

eld, 1994), 56.

3. 維基百科：en.wikipedia.org/wiki/poiesi。

第十七章：進展

1. 本章有部分內容最初是發表在我為《哈佛商業評論》所寫的部落格文章中，標題為〈我們可以逆轉史丹佛監獄實驗嗎？〉（Can We Reverse The Stanford Prison Experiment?），2012年6月12日。

2. 以我在2011年和2013年間與聶華特所做的訪談為基礎。

3. 出自1993年9月30日布萊爾在工黨年會上所發表的演說，當時他是影子內閣大臣；請見："Not a Time for Soundbites: Tony Blair in Quotations," *Oxford University Press Blog*, June 29, 2007, http://blog.oup.com/2007/06/tony_blair/#sthash.P1rI6OHy.dpuf.

4. Frederick Herzberg, "One More Time: How Do You Motivate Employees?," *Harvard Business Review*, September–October 1987, www.facilitif.eu/user_files/file/herzburg_article.pdf.

5. 泰瑞莎・艾默伯和史帝文・克瑞默，〈小進展大力量〉（The Power of Small Wins），《哈佛商業評論》，2011年3月，http://hbr.org/2011/05/the-power-of-small-wins/。（繁體中文版請見：https://www.hbrtaiwan.com/article_content_AR0001732.html）

6. "The Lord Will Multiply the Harvest," An Evening with Henry B. Eyring, February 6, 1998. http://www.lds.org/manual/teaching-seminary-preservice-readings-religion-370-471-and-475/the-lord-will-multiply-the-harvest?lang=eng.

7. 同前注1，〈我們可以逆轉史丹佛監獄實驗嗎？〉。

8. 請見他的網站：http://heroicimagination.org/。

9. 我們的想法來自葛林・萊瑟姆（Glenn I. Latham）的著作：*The Power of Positive Parenting* (North Logan, UT: P&T Ink, 1994).

10. 在Facebook牆上看到的。

11. 因為艾瑞克・萊斯（Eric Ries）2009年3月23日在Venture Hacks網站上的訪談而普及，請見："What Is the Minimum Viable Product?" http://venturehacks.com/articles/minimum-viable-product.

12. Peter Sims, "Pixar's Motto: Going from Suck to Nonsuck," *Fast Company*, March 25, 2011, www.fastcompany.com/1742431/pixars-motto-going-suck-nonsuck.

第十八章：心流

1. Michael Phelps and Alan Abrahamson, *No Limits: The Will to Succeed* (New York: Free Press, 2008).（中文版《夢想，沒有極限！》由大好書屋於2009年出版。）

2. Charles Duhigg, *The Power of Habit: Why We Do What We Do in Life and Business* (New York: Random House, 2012).（中文版《為什麼我們這樣生活，那樣工作？》由大塊文化於2012年出版。）

3. Phelps and Abrahamson, *No Limits.*（《夢想，沒有極限！》）

4. "Plasticity in Neural Networks," in "The Brain from Top to Bottom," n.d., http://thebrain.mcgill.ca/fl ash/d/d_07/d_07_cl/d_07_cl_tra/d_07_cl_tra.html.（網頁存取日期為2013年9月22日。）

5. "Habits: How They Form and How to Break Them," NPR, March 5, 2012, www.npr.org/2012/03/05/147192599/habits-how-they-form-and-how-to-break-them.

6. Mihaly Csikszentmihalyi, *Creativity: Flow and the Psychology of Discovery and Invention* (New York: Harper Perennial, 1997), 145.（中文版《為什麼我們這樣生活，那樣工作？》由大塊文化於2012年出版。）

7. David T. Neal, Wendy Wood, and Jeffrey M. Quinn, "Habit: A Repeat Performance," *Current Directions in Psychological Science* 15, no. 4 (2006): 198–202, http://web.archive.org/web/20120417115147/http://dornsife.usc.edu/wendywood/research/documents/Neal.Wood.Quinn.2006.pdf.

8. 出自一場與丹・平克（Dan Pink）的訪談，http://www. danpink.com/2012/03/the-power-of-habits-and-the-power-tochange-them/。

9. Stacy Cowley, "A Guide to Jack Dorsey's 80-Hour Workweek," CNNMoneyTech, November 14, 2011, http://money.cnn. com/2011/11/13/technology/dorsey_techonomy/index.htm.

第十九章：專注

1. 大衛・賈柏，《壽司之神》（2011年）。

2. "Oprah Talks to Thich Nhat Hanh," *O* magazine, March 2010, www.oprah.com/spirit/Oprah-Talks-to-Thich-Nhat-Hanh/3.

第二十章：存在

1. 出自艾科南斯・伊司瓦倫（Eknath Easwaran）所寫的序文，收錄於：*The Essential Gandhi: An Anthology of His Writings on His Life, Work, and Ideas*, ed. Louis Fischer (1962; repr., New York: Vintage, 1990), xx.

2. "Gandhiji's Philosophy: Diet and Diet Programme," n.d., Mahatma Gandhi Information Website, http://www.gandhi-manibhavan.org/gandhian-philosophy/philosophy-health-dietprogram.html.

3. https://www.squaducation.com/blog/death-mohandas-k-gandhi.

4. Albert Einstein, "Mahatma Gandhi," in *Out of My Later Years: Essays* (New York: Philosophical Library, 1950).

5. 出自梭羅1848年3月27日寫給布雷克（H.G.O. Blake）的信件，收錄於：The Portable Thoreau, ed. Jeffrey S. Cramer (London: Penguin, 2012).

6. 出自《聖經》箴言第二十三章第7節。

附錄：領導如何「精‧簡‧準」

1. Guy Kawasaki, "From the Desk of Management Changes at Apple," *MacUser*, December 1991, and then a follow-up piece, "How to Prevent a Bozo Explosion," *How to Change the World*, February 26, 2006, https://guykawasaki.com/howtoprevent/.

2. 基斯‧拉波伊針對以下問題所做的回答：「PayPal的彼得‧提爾／麥克斯‧勒夫琴（Max Levchin）／大衛‧馬庫斯（David Marcus）在創業家精神的文化上有什麼樣的堅強信念？」（What Strong Beliefs on Culture for Entrepreneurialism Did Peter/Max/David Have at PayPal?），Quora網站，日期不明，www.quora.com/PayPal/Whatstrong-beliefs-on-culture-for-entrepreneurialism-did-Peter-Max-David-have-at-PayPal/answer/Keith-Rabois（網頁存取日期為2013年9月22日）。

3. 出自電子郵件和2013年8月的後續電話訪談。

謝辭

感謝以下諸位：

安娜：謝謝你多年來始終相信這個寫作計畫。甚至還相信了我這個人更久。基於這一點和所有的一切，你一直是我最親密的朋友和最明智的顧問。

泰拉．克羅恩（Talia Krohn）：謝謝你在編輯上熟練地去蕪存菁。

提娜．康斯戴伯（Tina Constable）、塔拉．吉爾布莉德（Tara Gilbride）、艾耶蕾特．葛倫史貝特（Ayelet Gruenspecht）和嘉尼．桑德里（Gianni Sandri）：謝謝你們開啟了一段對話**和一**場運動。

韋德．盧卡斯（Wade Lucas）和羅賓．沃夫森（Robin Wolfson）：謝謝你們促成了專準主義的「巡迴」演說。

雷夫．薩加林（Rafe Sagalyn）：謝謝你完完全全不負你身為A++經紀人的名聲。

老媽和老爸：你們知道的，謝謝你們賜給我的**一切**。

保母和爺爺：謝謝你們讓我們看見專準生活的樣貌。

岳父和岳母：謝謝你們生下安娜。

甜心女士：謝謝你教導我。

佛洛斯特先生（Mr. Frost）：謝謝你讓我們**真正地**思考。

山姆、詹姆斯、約瑟夫、路易斯和克雷格：謝謝你們解放了我，讓我可以做自己。請把它視為「能解釋一切的注解」。

艾咪‧海絲（Amy Hayes）：謝謝你讓這整趟旅程成為長期的雙贏。

賈斯汀：謝謝你不分晝夜、不分時段，以各種形式閱讀了本書的各個部分。

丹尼爾、黛柏拉、艾莉、露易絲、麥克斯、史賓塞和露絲：謝謝你們讓我先看見你們的選擇，這讓我在做選擇時容易多了。

布利登（Britton）、潔西卡、約翰、約瑟夫、琳西、梅根、惠妮：謝謝你們始終如一的支持。

羅伯和娜塔莉‧梅恩斯（Rob and Natalie Maynes）：謝謝你們直言不諱的談話。

彼得‧康堤—布朗（Peter Conti-Brown）：謝謝我們的「約定」。

艾莉森‧畢柏（Allison Bebo）、珍妮佛‧貝莉（Jennifer Bailey）、大鮑伯‧卡洛和小鮑伯‧卡洛（Bob Carroll Jr. and Sr.）、道格‧克蘭德爾（Doug Crandall）、艾莉莎‧弗利德里希（Alyssa Friedrich）、湯姆‧弗里爾（Tom Friel）、洛基‧賈夫（Rocky Garff）、賴瑞‧蓋爾維克斯、強納森‧霍伊特（Jonathan Hoyt）、莉拉‧易卜拉辛（Lila Ibrahim）、PK、傑德‧柯伊爾（Jade Koyle）、琳西‧拉泰斯塔（Lindsey LaTesta）、傑瑞德‧盧卡斯（Jared Lucas）、吉姆‧米克斯（Jim Meeks）、布萊恩‧米勒（Brian Miller）、葛瑞格‧帕爾（Greg Pal）、喬爾‧波多尼（Joel Podolny）、比爾‧瑞利（Bill Rielly）、艾許‧索勒（Ash Solar）、安德魯‧席普克斯（Andrew Sypkes）、尚恩‧凡德霍芬（Shawn Vanderhoven）、傑夫‧韋納、傑克‧懷特（Jake White）、艾瑞克‧黃（Eric Wong）、戴夫‧易（Dave Yick）、雷‧辛、整個青年全球領袖（YGL）的大家庭，和〇八級的史丹佛商學研究所（GSB）師生：謝謝你們將喜悅帶進了這趟旅程。

史蒂芬‧柯維和史帝夫‧賈伯斯：謝謝你們給我的啟發。

上帝：謝謝祢為我灌注無盡的祝福，並且應允了它。

財經企管 BCB757

少，但是更好

Essentialism:
The Disciplined Pursuit of Less

作者 —— 葛瑞格・麥基昂（Greg McKeown）
譯者 —— 詹采妮

總編輯 —— 吳佩穎
書系主編 —— 蘇鵬元
責任編輯 —— 許玉意、張彤華
封面設計 —— Amy Hayes Stellhorn/Big Monacle
美術設計 —— 倪旻鋒
版面編排 —— 周家瑤

出版者 —— 遠見天下文化出版股份有限公司
創辦人 —— 高希均、王力行
遠見・天下文化 事業群榮譽董事長 —— 高希均
遠見・天下文化 事業群董事長 —— 王力行
天下文化社長 —— 王力行
天下文化總經理 —— 鄧瑋羚
國際事務開發部兼版權中心總監 —— 潘欣
法律顧問 —— 理律法律事務所陳長文律師
著作權顧問 —— 魏啟翔律師
地址 —— 台北市104松江路93巷1號
讀者服務專線 —— (02) 2662-0012
傳真 —— (02)2662-0007；(02)2662-0009
電子信箱 —— cwpc@cwgv.com.tw
直接郵撥帳號 —— 1326703-6號　遠見天下文化出版股份有限公司

電腦排版 —— 李秀菊
製版廠 —— 東豪印刷事業有限公司
印刷廠 —— 祥峰印刷事業有限公司
裝訂廠 —— 中原造像股份有限公司
登記證 —— 局版台業字第2517號
總經銷 —— 大和圖書書報股份有限公司　電話／(02) 8990-2588
出版日期 —— 2014年9月25日第一版第1次印行
　　　　　　2024年4月30日第三版第7次印行

國家圖書館出版品預行編目（CIP）資料

少,但是更好 / 葛瑞格・麥基昂
（Greg McKeown）著；詹采妮譯. --
第三版. -- 臺北市：遠見天下文化,
2021.12
320面；14.8×21公分. --（財經企
管；BCB757）
譯自：Essentialism：the disciplined
pursuit of less
ISBN 978-986-525-411-7（平裝）

1. 決策管理

494.1　　　　　　　　110021091

定價 —— NT$450
ISBN —— 978-986-525-411-7 | EISBN —— 9789865254254（EPUB）；9789865254261（PDF）
書號 —— BCB757
天下文化官網 —— bookzone.cwgv.com.tw

本書如有缺頁、破損、裝訂錯誤，請寄回本公司調換。
本書僅代表作者言論，不代表本社立場。